出品人/PRESIDENT 宋纯智, *scz@mail.lnpgc.com.cn*

主编/EDITOR IN CHIEF 吴磊, *stone.wu@archina.com*

供稿编辑/CONTRIBUTING EDITOR （美）G·斯坦利·科利尔, *scollyer@competitions.org*

编辑/EDITORS 韩欣桐, *cindyhan@competition-china.com*
刘翰林, *hanlinl@competition-china.com*
孙阳, *sunyangsw@competition-china.com*
张珩, *zhangheng@competition-china.com*
潘鸥, *panouelena@competition-china.com*

网站编辑/WEB EDITOR 钟澄, *charley@competition-china.com*

美术编辑/DESIGN AND PRODUCTION 周洁, *jennyzhou@competition-china.com*

技术插图/CONTRIBUTING ILLUSTRATOR 李莹, *laurenceli@competition-china.com*

撰稿人/CONTRIBUTORS （美）G·斯坦利·科利尔（Stanley Collyer）
保罗·施普赖雷根（Paul Spreiregen）
威廉·摩根（William Morgan）
拉里·戈登（Larry Gordon）
（新加坡）奥露哈·罗曼纽克（Olha Romaniuk）

翻译/TRANSLATORS 张晨

市场拓展/BUSINESS DEVELOPMENT 钟澄, *charley@competition-china.com*
(86 24) 2328-0272 fax: (86 24) 2328-0367

发行/DISTRIBUTION 袁洪章, *yuanhongzhang@mail.lnpgc.com.cn*

读者服务/READER SERVICE 蔡婷婷, *Cai-Tingting@competition-china.com*
(86 24) 2328-0272 fax: (86 24) 2328-0367

扫描二维码
即刻欣赏好视频

图书在版编目（CIP）数据
竞赛：景观建筑 /（美）科利尔编；张晨等译. --
沈阳：辽宁科学技术出版社, 2015.3
ISBN 978-7-5381-8965-0

I. ①竞… II. ①科… ②张… III. ①景观设计 - 作品集 - 世界 - 现代 IV. ①TU986
中国版本图书馆CIP数据核字（2014）第305728号

竞赛VOL. 1/2015

辽宁科学技术出版社出版/发行（沈阳市和平区十一纬路29号）
各地新华书店、建筑书店经销
利丰雅高印刷（深圳）有限公司
开本：230×275毫米 1/16 印张：8 字数：100千字
2015年3月第1版 2015年3月第1次印刷
定价：**48.00元**
ISBN 978-7-5381-8965-0

微信二维码
competition-china

辽宁科学技术出版社 www.lnkj.com.cn

Competitions
2015年 第1期
景观建筑

封面：Archilier建筑师事务设计的**克利夫兰大桥**
左图：labor4+设计公司设计的**"茨文考湖北岸"城市规划和景观**
上图：SCAPE设计公司 / LANDSCAPE ARCHITECTURE PLLC设计公司设计的**列克星敦布兰奇镇溪水公共空间**
中图：JDS/朱利安·德·施迈特建筑师事务所+巴尔莫里合作设计公司，坦恩设计工作室+尼奇工程公司，詹姆斯·利马设计师事务所+Creative Concern综合传播公司+兰根工程和环境服务公司设计的**列克星敦布兰奇镇溪水公共空间**
下图：洛肯·奥赫里奇建筑师事务所，境向联合建筑师事务所设计的**金门港水头客运中心**

全球竞赛速览 COMPETITION INFORMATION

竞赛作品展示 COMPETITION WORKS

竞赛作品点评 COMPETITION COMMENTS

建筑师访谈 INTERVIEW

PLANNING FOR THE NEXT HELSINKI

“下一个赫尔辛基”设计竞赛

赫尔辛基新博物馆国际竞赛方案征集

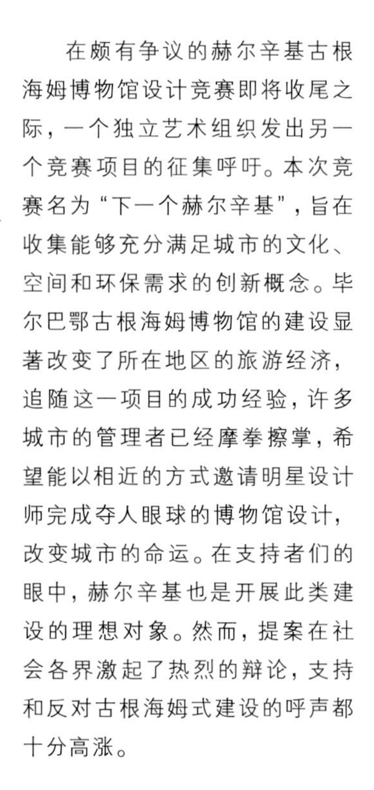

从西北方向观察南港区域。右侧是竞赛项目所在的位置，从低矮的老式白色屋顶码头建筑一直延伸到小船入口的位置。

图片：©Kaupunkimittausosasto, Kaupunkisuunnitteluvirasto, Helsinki 2014

在颇有争议的赫尔辛基古根海姆博物馆设计竞赛即将收尾之际，一个独立艺术组织发出另一个竞赛项目的征集呼吁。本次竞赛名为“下一个赫尔辛基”，旨在收集能够充分满足城市的文化、空间和环保需求的创新概念。毕尔巴鄂古根海姆博物馆的建设显著改变了所在地区的旅游经济，追随这一项目的成功经验，许多城市的管理者已经摩拳擦掌，希望能以相近的方式邀请明星设计师完成夺人眼球的博物馆设计，改变城市的命运。在支持者们的眼中，赫尔辛基也是开展此类建设的理想对象。然而，提案在社会各界激起了热烈的辩论，支持和反对古根海姆式建设的呼声都十分高涨。

“下一个赫尔辛基”设计竞赛的目标是鼓励大胆、巧妙的设计方案，吸引更高的社会关注。竞赛吸引了建筑师、城市规划师、艺术家、环保人士、学生、活动家、诗人、政治家和其他所有热爱自己城市的人集思广益，思考如何在赫尔辛基和南港区域设计出一个能够为城市的居民和游客带来最大利益的博物馆。

“城市是人类最伟大的集体艺术创作，而赫尔辛基是最精致的一个。” “下一个赫尔辛基”设计竞赛国际评委团主席迈克尔·索金如是说。与“传统博物馆的建筑载体”相比，他补充道，“竞赛的目标是吸引那些能够将城市生活的方方面面注入艺术感的项目。”

设计挑战

赫尔辛基市是芬兰首都，也被称为“波罗的海的女儿”，约有120万城市人口。赫尔辛基的基本政策如下。

城市可持续发展：赫尔辛基希望发展为一个可持续发展的城市，而这意味着较高的资源利用率，能效，社会公平性和宜居程度。研究和发展，以及历史、高科技、教育和所有形式的文化活动都应受到高度的重视。政府有关部门公开地谴责避税行为和灰色劳动力的存在，要求实施公平劳动分配。设计师们希望这些政策能最终付诸实践。

城市文化：在赫尔辛基市，人们对文化有着广义的理解——精心维护的街道、广场和公园等城市公共空间都是文化的一部分，因为这些场所通常用来举办非正式及正式的城市文化活动。这可以包括不同类型的艺术博物馆、画廊、艺术工作室及现场音乐、舞蹈和戏剧的表演场所，年度餐厅日出现的临时餐厅或是每年秋天的赫尔辛基国际电影节都在其列。设计师们想知道这些政策是否能够满足众多赫尔辛基居民和游客的需求。

“智能城市”：赫尔辛基渴望在信息通信技术服务的领域成为世界领导者。无所不在的移动数字信息和传感设备将使得未来的信息网络极大地改变人们在城市中创造艺术、展示艺术和体验艺术的方式。市政府作为一个实体的、文化性质的管理单位，必须为迎接这第四次工业革命做好准备。与此同时，还应该保证这些技术被用来造福大众，而不是用于监控活动。

“下一个赫尔辛基”的规划工程寻找那些能够为城市生活注入意义，为日常生活带来艺术气息的项目。从这处壮观的海滨出发，本次竞赛希望找到关于宣传、参与、合作的新理念。赫尔辛基是全球最伟大的海滨城市之一，但它与其他城市一样，有城市最基本的需求。城市需要大量的、价格合理的住房。对处于环保转型期的全世界所有城市来说，这都是一个亟待解决的议题。城市需要合理的运输或创新平台，方便人们体验艺术，创造艺术。城市需要公共空间和公共文化，创造工作机会，对社区负责。

本次竞赛的目标是帮助赫尔辛基抓住机遇，突出城市特色，帮助城市居民提升社会、环境和文化意识。为城市规划项目搜集现实可行、有远见、且有理论依据的新理念！地球上的每个城市似乎都渴望经历古根海姆博物馆式的改变。如果能有一位非常特别的建筑师，在一个非常特殊的私人博物馆赞助下做出一个非常特别的设计，这个工程扭转当地死气沉沉的经济，为民众带来文化的洗礼，使城市一举成为旅游和世界级艺术的中心，那该有多好！竞赛评委团和组织者将努力在赫尔辛基和纽约将最具感染力、最具深度和艺术感的设计呈现给世人，进行最大程度的推广和实现。

参赛要求

欢迎建筑师、城市规划师、景观建筑师、艺术家、环保人士、学生和其他热爱城市生活的人们提出赫尔辛基和南港区域的改造方案，最大程度地造福当地。这次竞赛向所有人开放，因为最佳方案并不局限于城市规划或是艺术设计。竞赛采用匿名的方式，竞赛方案须采用笔名提交。方案可以采用建筑或城市设计图纸的形式，也可以采用说明、短文（含标点空格不超过4000字符）搭配插图的形式。所有方案只需提交电子版文件。

时间安排

方案提交截止日期：2015年3月2日

联系方式：http://www.nexthelsinki.org/

HERZOG & DE MEURON WIN THE NEW NORTH ZEALAND HOSPITAL
赫尔佐格和德梅隆设计事务所在北西兰岛医院竞赛中获得优胜

效果图、图纸和文本：©Herzog & de Meuron

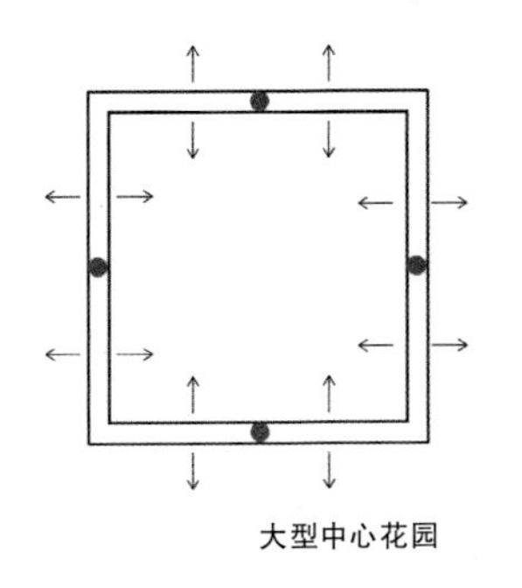

大型中心花园

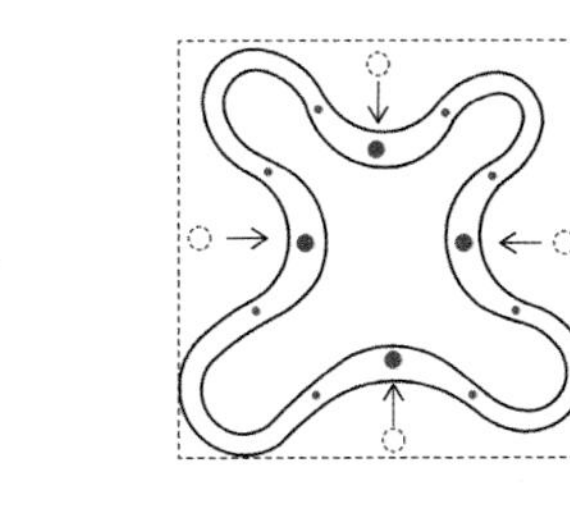

靠近的垂直流通设计形成简短的内部连接方式

丹麦北西兰岛医院竞赛于2013年2月在七组设计团队之间展开。三家建筑设计公司受邀参加竞赛，包括BIG建筑事务所、伦高及特兰伯格建筑师事务所（Lundgaard & Tranberg Architects）和赫尔佐格和德梅隆设计事务所，另外四个设计团队通过预选获得竞赛资格。

七组设计团队以匿名的方式提交了医院设计方案，经过政府官员、医院代表和建筑专家组成的专业评委团斟酌评定，最终选出三个设计方案进入终审，这三个设计方案于2014年1月6日公开。

2014年4月9日，赫尔佐格和德梅隆设计事务所，VLA 建筑事务所和英国安博公司组成的设计团队提出的设计方案获得优胜。“我们非常高兴赢得了这次北西兰岛医院竞赛。我们与医院代表一起通过这个项目展示了建筑观赏性和功能性在医院中得到综合的可行性。评委团的选择对建筑师和整个医疗行业来说是一个重要指向：与过去几十年盛行的高层医疗建筑相比，低层、平顶的医院建筑群可以更好地融入城区或郊区环境。”

医院被自然环绕，中央区域是花园。大楼在水平方向上的起伏造型呼应地势。水平的建筑形式比较适合医院，因为这里充满交流：不同部门的员工为了一个共同的目标而努力：对人类健康的治愈。新医院将打破传统医院运营的壁垒，而过去几十年间比较注重实用性的高层医院建筑几乎无法实现这个目标。

项目设计对两个看似矛盾目标进行了结合：大型中央花园和较短的内部通道。最终的设计方案构成了有机的交叉形状，使得室内花园成为一个流动的空间。花园下方的中央大厅包含四个圆形庭院，医院的脉搏从这里开始。

从剖面可以看到大楼的功能安排十分简单明了，检查和治疗的两层楼构成了一个基座，上方的两层病房沿建筑外围分布形成大型中央花园。基座的两层楼以不同的方式与外界相连，庭院光照充足，景色优美。大片的连接区域，室内庭院元素的重复和统一的房间规格具有极高的灵活度。后期根据需要进行功能的改变简单易行。

基座结构内功能设计的两个基本原则如下：

1. 越是使用频率高的部门，位置越靠近中央。
2. 将门诊和住院患者在垂直方向上分流，基座的每层结构分别服务一个目标人群。

基座结构包含修长的垂直外墙结构，具有高度的灵活性，同时提供视觉安全感。庭院外墙可以使用多种材料，方便定位也富于变化。基座包含了医院中使用频率最高的功能区域，连续的外墙对此也有所体现。基座是社区精神的一种表达。

与之相比，病房设计重视隐私，以小规格为主。病房结构使用的是轻型预制模块：2×2的病房组合形成一个小的长方形空间结构，卫生间设于其中。多边形结构使基座在水平方向上呈现起伏的造型。这样的平面规划好比人的脊柱，规整有序。人们在病房可以俯瞰树顶和中央公园。从这个角度观察，医院就像一个两层的建筑群。

医院的景观设计由两个典型的丹麦景观区组成。森林公园内的停车场环绕大楼，中央公园地势平坦，景色怡人。圆形树篱起一定的遮挡作用，并形成花园的通道网络。

建成后，北西兰岛医院将成为南席勒罗德新规划的核心内容。

3XN WINS MÄLARDALEN UNIVERSITY BUILDING IN SWEDEN

3XN建筑师事务所赢得瑞典梅拉达伦大学设计竞赛

2014年6月，丹麦建筑师事务所3XN在斯德哥尔摩西南方向的埃斯基尔斯蒂纳新大学建设项目——梅拉达伦大学的设计竞赛中获得优胜。项目内容包含受保护的现代主义风格公共浴室遗址的翻新工程和一栋总面积18,250平方米的新楼建设工作。3XN事务所的设计方案能够为4000名学生和350名教职人员提供教学设备和工作场所。

“我们的设计目标是创建一个开放且鼓舞人心的学习环境，促进学生和教职人员的跨学科互动。我们特别强调新教学大楼与相邻的受保护建筑之间建立柔和但明确的视觉连接。参考公共浴室古迹的斯堪的纳维亚实用主义风格，新大楼呈现清晰的几何造型和统一的建筑表面。” 3XN事务所及合伙人，金·赫尔福特·尼尔森如是说明。

设计师将大楼整体分割成不同高度和规格的较小单元，新建筑的比例按现代主义的浴室建筑进行了调整，在新旧建筑之间构成和谐的建筑环境。建筑体积的分割还形成了三个公共室外广场，服务娱乐功能。明亮的外墙由开放和封闭部分交替组成，这种规律变化使外墙看起来富于动态，也是大楼内部光照充足。

新建筑一层和二层从内部与公共浴室相连，形成新旧之间的流畅过渡。两个建筑的较低楼层完全开放连通，新旧建筑因而构成一个功能和空间整体。占地较大的主游泳池被保留并改造成学校图书馆，咖啡厅和学生活动馆建在其中，构成一个独特而重要的学生社交场所。

中庭和双层高度的礼堂、开放学习区和内部庭院共同构建了一个具有良好视觉通透性的多层空间。教室和演讲大厅分布在较低的三层楼。设计师希望通过这种方式鼓励不同专业的学生沟通交流，为不同学习领域之间的沟通交流打下良好的基础。行政办公室位于大楼顶层，这里的工作环境更为安静。

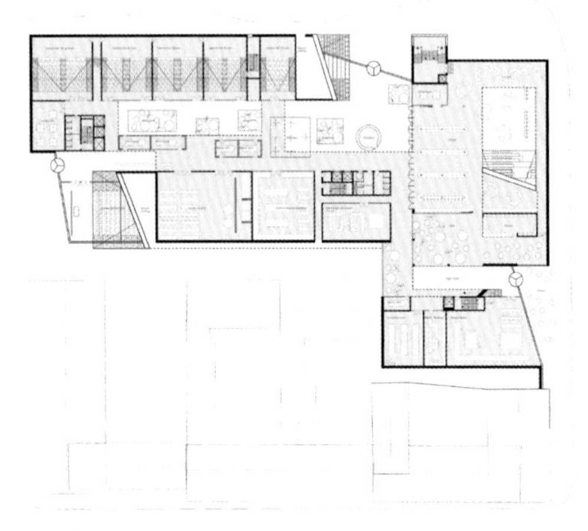

一楼平面图

效果图、图纸和文本：©3XN

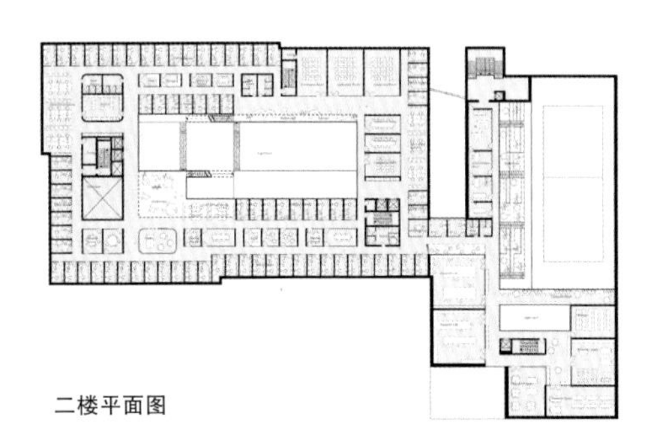

二楼平面图

GILLESPIES WIN "PARK RUSSIA" DEVELOPMENT MASTERPLAN COMPETITION IN MOSCOW 吉里斯派斯景观建筑事务所设计团队摘取莫斯科"俄罗斯公园"发展总规划竞赛桂冠

在俄罗斯地理学会和莫斯科地区政府共同组织的"俄罗斯公园"发展项目总规划和商业战略竞赛中，高纬环球公司获得一等奖。"俄罗斯公园"在多莫杰多沃机场附近，距莫斯科向南三十公里，占地一千多公顷，是一个雄心勃勃的旅游、文化项目。

吉里斯派斯景观建筑事务所领导设计团队，凭借充满特色的总体规划和景观设计赢得竞赛优胜。英国标赫工程顾问公司为"俄罗斯公园"设计的工程框架作为俄罗斯未来绿色发展的范例，确定了注重公共交通的战略性铁路和道路建设的综合设计新标准。菲尔登·克莱格·布莱德利设计工作室负责公园文化和商业中心的设计，提出了连接各个景点的中央交通运输枢纽的构想。

"'俄罗斯公园'设计方案的一大特点是其激动人心的总体设计构想。一旦付诸实施，这将是一个耗时多年的长期项目，其中包含的多种多样的景点设置能够为各个年龄段的人群提供多层次的娱乐和学习经历。这一方案凝结了俄罗斯独特的历史背景，文化遗产和未来发展，包含创新的环保设计，绿色设计原则以及建筑、景观和配套基础设施等主要设计元素。"领导竞赛设计团队的吉里斯派斯景观建筑事务所合伙人，吉姆·迪格尔这样评价道。

评审团选出的优胜方案包含总规划和商业策略书，展示了公园的三个主要组成部分以及打造休闲项目和旅游度假胜地等投资机会。

来自高纬环球公司俄罗斯分公司的项目经理理查德·蒂博特称，"'俄罗斯公园'是一个独特的俄罗斯式休闲公园，符合俄罗斯消费者对创意休闲文化活动的需求，同时也成为快速增长的俄罗斯旅游业中的新兴景点。""建成后，它将与新加坡花园，甚至美国佛罗里达的奥兰多公园相提并论。"

工程具备明显的"绿色" 建筑特征，有望优化莫斯科和多莫杰多沃地区的铁路设施，以应对每年可能高达一千万的游客量。

效果图、图纸和文本：©Gillespies, Buro Happold, Feilden Clegg Bradley Studios

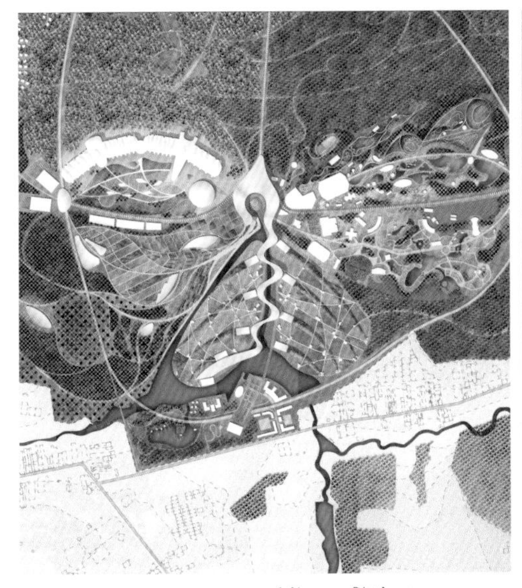

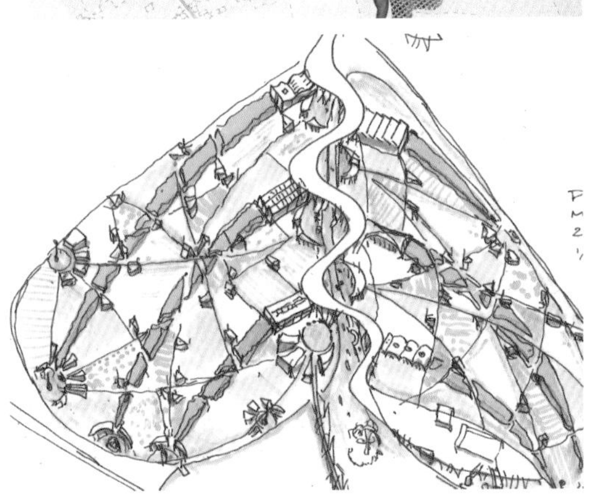

LABOR4+ WINS "NORTHERN SHORE LAKE ZWENKAU" COMPETITION

labor4+设计公司赢得"茨文考湖北岸"城市规划和景观设计竞赛

效果图、图纸和文本：©labor4+

labor4+设计公司在参加"茨文考湖北岸"城市规划和景观设计竞赛的十四个设计团队中脱颖而出，摘得桂冠。舒尔茨与舒尔茨建筑事务所(schulz & schulz architekten)和罗伊德工作室(Atelier Loidl)等知名设计公司都在入围名单之列。

评委团称，"优胜设计方案凭借极具吸引力的度假村设计概念，贯通整个园区的公共通道，创新的休闲区设计以及完美结合了休闲、运动、旅游和亲近自然主题的整体方案，给评委团留下了深刻的印象。"

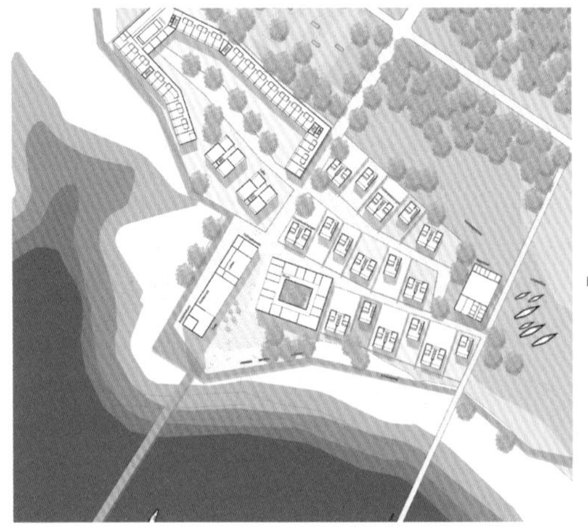

场地平面图

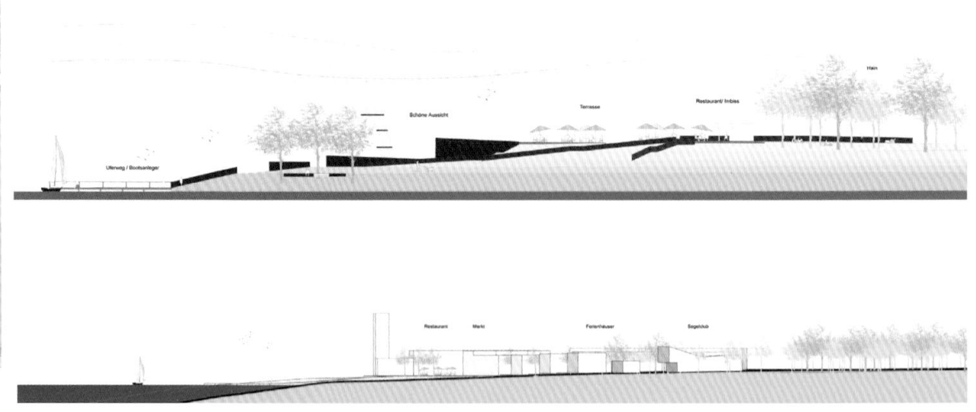

剖面图

村庄和露营地的工程建设将沿着北侧的森林边缘进行。这里设有充足的停车位，游客将车停在这里以便休闲区域保证仅供游人步行的特点。与圆形通道相连的湖边小路将开发区纳入整体环境，方便游客步行或乘自行车休闲游玩。人们可以在小型野餐区一边休息放松，一边欣赏美丽的湖光山色。沿着湖边开发的"探险之路"为人们探索茨文考湖的多层次美景提供了独特的机会，人们可以自行发现湖景以及对岸景观的新面貌。

地形："风光"景观雕塑展现了独特的空间艺术特点。支撑墙壁、斜坡和观景台将现有的高度提升，配合坡道和楼梯，高度和位置各不相同的露台可以服务多种功能。

旅游：项目规划重点关注如何开发一种对自然的干扰与污染控制在最低程度的旅游形式。北侧湖岸将开发多种多样的娱乐项目供游客选择。

度假村：游客在村庄里的酒店和休闲建筑群可以找到较高水准的饭店、游船和自行车租赁点和商店。游客们可以在舒适的酒店房间、阁楼公寓和假日公寓饱览茨文考湖的美丽景色，亲身游览湖景也十分方便。"湖滨村落"由众多度假屋、船屋组成，还包含一个船舶、冲浪设备租赁点和充足的船舶泊位，为游客在此享受水上运动创造条件。喜欢安静的游客可以在林荫下的木屋寻得一方净土。相邻的露营点满足露营爱好者的需求。树荫中的375个摊位靠近湖边浴场。遥远的"隐士小屋"朝向休闲区域东侧，为自然爱好者呈现一个与自然亲密接触的假日体验。

景观：茨文考湖北岸的复原模型是根据当地天然分布的植被而制作的。北侧区域将根据当地预期情况进行重新绿化，进行森林生态重组。重新绿化将主要选用橡树、鹅耳枥等顶级树种将与先锋树种配合种植。靠南一侧，一块连续空白区域将采用自然的方式进行重新绿化，不进行过多的人工干预。只进行改善土壤和抗侵蚀初级种植的处理。首批初级种植将在露营地和水滨通道处展开，以确定景观的基本轮廓，进行区域划分，将休闲区域纳入景观。

NIETO SOBEJANO ARQUITECTOS WINS ARVO PÄRT CENTER

涅托·索韦哈诺事务所获得阿沃·帕特中心设计竞赛第一名

效果图、图纸和文本：©Nieto Sobejano Arquitectos

爱沙尼亚共和国总统，托马斯·亨德里克·伊尔维斯先生在塔林的一次公开典礼上宣布了阿沃·帕特中心国际设计竞赛的评选结果。评委团成员包括阿沃·帕特中心的迈克尔·帕特，日本建筑师藤本壮介，以及爱沙尼亚建筑师协会成员。评委会一致决定将本次竞赛的一等奖授予涅托·索韦哈诺事务所（Nieto Sobejano Arquitectos）的马德里和柏林设计团队。

此次竞赛由阿沃·帕特中心基金发起，总共分两个阶段。参与第一阶段的71个设计团队在第二阶段与受邀的20家国际建筑事务所共同竞争，其中包括：Allied Works建筑事务所（美国），克劳迪欧·西尔伟斯特林建筑师事务所（英国），Coop Himmelb(L)Au建筑师事务所（奥地利），亨宁·拉尔森建筑事务所（丹麦），JSA延森与斯科温建筑师事务所（挪威），凯斯藤-杰尔斯-大卫·冯·塞弗伦建筑事务所（比利时），涅托·索韦哈诺事务所（西班牙），OFIS建筑事务所（斯洛文尼亚），里克·乔伊建筑事务所（美国），扎哈·哈迪德建筑师事务所（英国）。

阿沃·帕特中心是爱沙尼亚著名作曲家阿沃·帕特在2010年成立的，致力于阿沃·帕特作品的保护和研究。新项目位于距离塔林35公里的一处半岛上，这里松树茂密，拥有丰富的自然景观。

获得竞赛一等奖的涅托·索韦哈诺事务所设计方案将一系列公共和私人空间安置在同一个屋檐之下，容纳基金会档案室、图书馆、工作室、办公室、展览空间，以及一个可以用于音乐会、演出、会议和电影放映的多功能礼堂。设计师尝试在阿沃·帕特作品的私密性和爱沙尼亚壮美的自然景色之间寻求平衡。保留场地所有松树的决定使屋顶的单一结构与所在庭院的自然布局产生奇妙的反应，阐释了空白与沉默在建筑与音乐中的隐蔽主体作用。

与那些主题式的音乐建筑类似，设计师也将阿沃·帕特中心设想为一个几何图案，以重复的五角形为原型，并且将院内形态各异的松树纳入规划范围。所有的松树都将被保留，工程不会对树木造成任何伤害。五角形造型的有序变化形成连接各个区域的空间基础。室内空间被两面长长的木墙包围，将其与私人空间分隔开来。档案室和图书馆均与工作室及建筑一层的办公室连通。礼堂采用了"房中房"的设计理念，可服务音乐会、演出、会议和电影放映等多种功能。大厅也可用于展览，紧邻商店、咖啡厅，可以近距离欣赏室外景观。阿沃·帕特中心将是一个适合研究、学习的大型公共空间。人们在这里可以交流想法，参观展览，品尝美食，阅读书籍，欣赏演出，或者在林中漫步。

工程中使用的建筑材料回应大楼温暖、友好的设计特点。室内的墙壁和天花板采用白色油松木，铺面地板的色泽与庭院照过来的日光交错在一起。整个大楼内设置了充足的电源插口和网络端口，方便电子、数码、视听和照明设施的使用。室外使用的单一装饰元素对建筑外观起协调统一作用：新屋顶就像一个巨大的平台，根据室内空间对高度的需求进行调整。使用珍贵铝板的屋顶设计与建筑的几何形状及树木的有机造型形成互动。

按序变化的细长柱状物是阿沃·帕特中心设计里一个应用灵活的建筑元素。它在外墙上的使用丰富了外墙的内容。出于隐私的考虑，一部分墙面可以使用大面积透明玻璃幕墙，其他部分则需要更多的保护。柱状物刚好可以填补之间的空白。观察塔是一个以阿沃·帕特创作的赞美诗为灵感的光雕塑结构，它的五角形形态与庭院相近，螺旋结构向上延伸至树冠之上，遥望远方的海洋。为了保持阿沃·帕特先生的作品活力常在，并用建筑的语言阐释他的卓越贡献，设计师需要在音乐作品的私密性与当地壮美的自然景观之间寻求一个平衡点。保留场地所有松树使屋顶的单一结构与院内原有的随意布局产生了意想不到的奇妙反应。毕竟，难道空白与沉默不是建筑与音乐中隐蔽的主体吗？

立面图

RAFAEL DE LA-HOZ PROPOSES A HABITABLE NATURAL OASIS FOR THE NOBLE QURAN OASIS COMPETITION

Rafael de La-Hoz建筑公司为“古兰经”神圣绿洲设计竞赛构想

设计方案的最大目标是打造美不胜收的伊斯兰地标式建筑，为游客留下深刻的印象。如果说设计是为了突显麦地那城的意义和伊斯兰教的重要性，那么遵照并发扬《古兰经》中的内容无疑是最适宜的设计思路，因此这个文化中心的形象应该从中汲取。由于阿拉伯文中没有提及任何的建筑类型，所有形式的建筑，甚至清真寺都没有提到。与此相反，花园、喷泉和溪流的描述经常在其中出现。

由西班牙Rafael de La-hoz建筑公司设计的“古兰经”绿洲项目代表了伊斯兰教的信仰精神。建筑师在对场地文脉进行分析后，没有借鉴任何特定的建筑造型，而是尽情地描绘了花园、喷泉和溪流的画面。该项目旨在展现一个麦地那的神圣绿洲，从而抓住该城市的游客的注意力。该设计的理念来自永不触地的圣书，建筑整体是在基座上呈抬升的。通过对信仰的抽象提炼，在屋顶上具象化，映射着“古兰经”神圣的书页，而书页下的四座建筑象征着人类之手。由于没有可以直接借鉴的建筑造型，加之对当地文化和传承的深入了解，设计师意识到麦地那城需要的不是建筑，而是一个绿洲。它不应是一栋建筑，也不是一个花园，而是以几乎自然的方式为绿洲的出现创造条件，在其中安居乐业。没有建筑，没有花园，而是一个以《古兰经》中的绿洲为建筑元素的宏大工程。考虑到被称为伊斯兰文化首都的Al-Madinah Al-Munawwarah作为第二神圣之地的重要性，设计师希望能打造伊斯兰地标式的建筑，给游客留下深刻的印象。

设计理念取自与神圣的《古兰经》相关的一些说法，《古兰经》不应落到地上，需由人手将其高高举起，或者将它摆放在底座上。屋顶结构体现了《古兰经》被四个建筑托起的场面，象征人类的手。屋顶的核心区域表现的是《古兰经》的经典封面，这里使用的字体取自穆罕默德先知书。此外，最终的装饰效果还使用了充满艺术感的蚀刻手法。这些装饰背后蕴藏着鼓励人们求知、探索、开拓视野的力量。项目的中央绿洲使人们有机会在平静的水和植物之间亲近大自然，并且进行反思。场地的其他部分均位于弧状遮阳屋顶的保护之下，为行人提供舒适的徒步环境，也方便开展各种活动。总体说来，场地布局、景观和内部空间设计最大程度地促进了工程与自然的互动，打造一个具有伊斯兰氛围的友好的公共建筑。

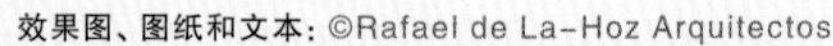
效果图、图纸和文本：©Rafael de La-Hoz Arquitectos

ROCCO DESIGN ARCHITECTS LTD NEW CAMPUS DEVELOPMENT OF CHU HAI COLLEGE OF HIGHER EDUCATION
许李严建筑师事务公司主持珠海学院新校区设计

珠海学院新校区设计寻求一个内部具有高度连接性的建筑结构。设计师在香港紧凑的城市环境中获得直接灵感，在校园设计里集中体现了微型城市般紧凑的衔接设计。

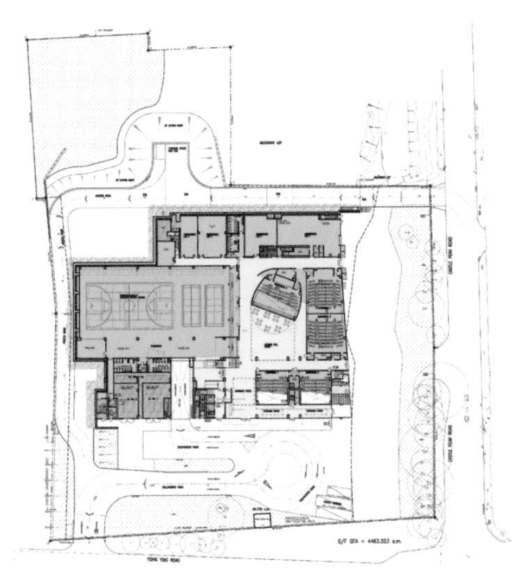

一楼平面图

效果图、图纸和文本：©Rocco Design Architects Limited

新校区建筑群应控制在现有地基范围之内，以减少不必要的地基改造工程。设计师将教室和图书馆等对面积要求较大的功能悬吊在主楼板结构之外，以求在现有地基范围内达到要求的总面积。图书馆和学生会的建筑结构被打造成连接大楼东区、西区的标志性通道设计。大楼上层的教室呈锥形，倾斜的墙壁将阳光反射回较低的室内走廊。

大楼本身的高度反映了其内部空间设计的复杂性。从形式上看，悬臂梁和桥梁结构从楼板向外延伸，模仿了树冠的造型，象征了绿色树荫下最原始的学习空间。建筑组成和结构也继承了中国书法的精髓，即建筑立面上虚与实的优美平衡。从本质上说，新校区的建成创造了一个新的字体：一个能够可供后代学习研究的新雏形。

珠海学院新校区工程奠基仪式已于6月26日在屯门的新校区所在地举行。

许李严建筑师事务公司被选为负责珠海学院校区开发项目的建筑公司，新校区将包含教育设施、行政办公室、学生宿舍和教职员工活动区，总建筑面积26,500平方米，计划2016年完工。

SPARK DESIGN PRINCE'S BUILDING IN SHENZHEN, CHINA
思邦主持设计中国深圳太子大厦

效果图、图纸和文本：©SPARK

太子大厦位于深圳南头半岛的最南端，被优美的自然景观所环绕。蛇口港三面环水，坐揽绿意盎然的大南山和小南山。正是这种壮观的亚热带滨海景色和丰富的人文活动之间的关系为思邦的设计师们带来了灵感。

为了突出大厦优雅的外观比例，大厦上层玻璃幕墙上设计了纤细的竖向铝质百叶，遮挡阳光的同时为大厦的外立面增添层次变化，体现品质感。塔楼底部与商业亭结构在大楼三层通过流线造型和立面材料加以连接。在这里，商业亭结构外侧水平排布的石材表面与塔楼的外墙纹理相融合，石材也随着楼层上升发生有层次的变化。设计突出了塔楼的主导地位，同时为整个项目带来了视觉延续性。太子大厦的办公用户可从三层直接到达塔楼上方露台，而不用担心天气影响。

而从较小规模的街区角度出发，使用者在这里体验到的将是五个连接的商业亭结构。其中的四个亭子汇聚在中心庭院周围，还有一个灯笼亭立于三角形场地的中心位置。“我们

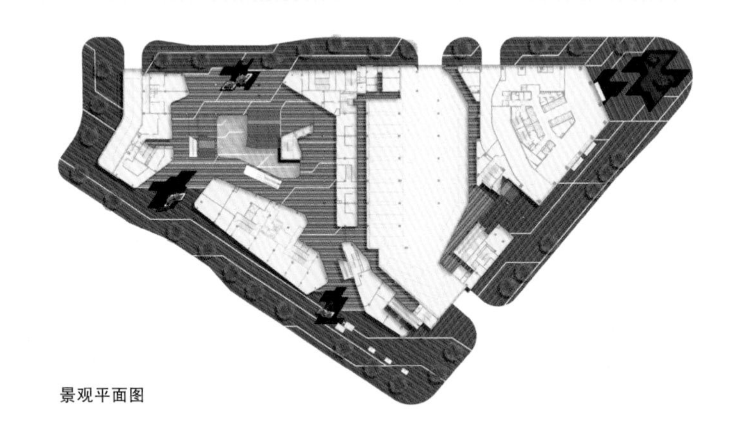

景观平面图

思邦建筑设计咨询公司主持设计了由中国招商地产开发的占地71,600平方米的商业综合体和交通枢纽项目——太子大厦。大厦落户中国深圳，景观露台设计整合27层110米高的地标性办公塔楼与五个商业亭结构，创造出一个自然通风，设计独特的商业零售场所。该综合开发项目邻近蛇口区新的交通枢纽工程，枢纽将容纳“海世界”地铁站和一个公交总站。

在这些沿建筑边缘分布的商业亭结构之间留出过渡空间，与城市环境直观融合”，SPARK思邦总监史蒂芬·平博理解释道，“这一设计为城市商业花园提供进出通道，将进一步促进项目与城市间更广泛的肌理融合。”

“商业空间与一层室内庭院的流畅衔接使零售花园成为更加友好的购物体验”，史蒂芬·平博理说道。上层露台环绕中心灯笼亭，灯笼亭通向上层的露台就餐区。这些都营造出浪漫的就餐环境，使建筑能够在非购物高峰时段继续发挥活跃的城市功能。“这种叠层的开放式商业概念将构成一个独特的公共空间，满足人们购物、工作和娱乐的多种需求”，总监史蒂芬·平博理总结道。

景观设计穿插于项目之中，无论在形式还是概念层面上都与水平层次富于变化的建筑形成互动。景观设计由条形石材叠加组成，雅致的金属条带点缀。夜幕降临后它们会闪闪发光。点缀的金属条带的设计灵感来自天然岩石中发现的珍稀矿藏元素。

“随着办公塔楼接近街面水平，周围的景观会逐渐柔和建筑的底部环境”，主任彼得·莫里斯解释道：“该空间内绿植的选择，铺装的设计和铺装的质感都有利于将人们从商业亭结构吸引过来。铺装和绿植的质地、材料以及色调都应相互补充，突出整体流动性，并且能够引领人们穿过这组多层次景观。”这些层次从建筑外围，朝向街道的植被开始，延伸至下沉花园，再上升到灯笼亭的露台，最后在商业亭结构的绿色屋顶处结束。

POOR BUT BEAUTIFUL
廉价但美丽

现代经济很大程度上依赖车辆运输，人们还是会忽略二者真正的关系。人们往往认为与交通有关的所有事情都是维护而非改善层面的，希望相关的费用越低越好。

这种说法对于公共停车场等建筑来说倒也未尝不可——停车场被视为被嫌恶的城市必需品，通常选择以尽可能少的成本建造。可问题是这类建筑本质上是占据城市中心地带的大型建筑，一般很不受公众欢迎。名为“廉价但美丽”的设计竞赛旨在寻找这类问题的解决方法。如何将停车场与周围的街道景观整合在一起，同时为不使用停车场的人群提供更大的作用，将原本人们不屑一顾的空间改造成广受欢迎的区域？

一等奖——乔纳森·本纳和约翰·巴塞特设计的停车塔楼

设计挑战

竞赛要求参加设计团队为纽约曼哈顿区的哈德逊码重建区（Hudson Yards Redevelopment Area）设计一个多层的停车场。该建筑应至少容纳250个停车位。除了停车的功能，该建筑还应在不消耗过多贵重材料和资金的前提下，具备一个附属功能。此地位于哈德逊码重建区，地理位置便捷，且有多个建设计划。

获奖名单

获得一等奖的停车塔楼由乔纳森·本纳和约翰·巴塞特设计。

停车塔楼将“空间的体验”作为停车场的附属功能，这与竞赛要求完全符合。尽管停车场顶部有屋顶花园，一楼有农产品市场，停车场的附属功能主要体现在出入通道设计上。纤细的楼板和屋顶的精心设计使工程和建筑融合在一起，楼梯不仅在建筑内部起到过渡作用，连接车辆和行人通道，也是安静和反思的去处。工程使用传统技术居多，使得其整体吸引力得到加强，如没有使用汽车电梯，将所有运行成本控制在最低。紧密有序的设计打造出富丽堂皇的氛围。

二等奖为佩德罗·马丁斯，安娜·桑托斯和米格尔·佩雷拉设计的“将你的灵魂停在天堂”。

乍看之下，“将你的灵魂停在天堂”似乎采用了隐蔽而委婉的方式安置车辆。然而近距离观察后可以发现，这个建设项目与汽车和城市化存在更广泛意义上的联系。在更大的时间框架内，项目利用汽车自身的概念，成为现代城市形成过程中至关重要的一部分，并将墓地在城市板块中去除。

本方案的另一个特点是呼应了眼下传统殡葬和纪念方式正在消亡的时代变化。由于传统的殡葬方式占用了人们大面积的土地，全球人口（包括死亡人数）持续增长，我们迫切需要一种新的殡葬文化。“将你的灵魂停在天堂”方案对此问题的处理方式既预防了病态的发展，也为形成未来的殡葬文化创造一个沟通对话的机会。停车与殡葬这两个看似毫不相关的话题，由于理论关联以及设计师的精妙设计联结在一起。

狭长的拱门支撑顶部结构，营造庄严的氛围，清晰的图表很好地解释了建筑结构与设计概念的转换，简单明了。

三等奖是由曼森·冯设计的社区驱动者。

这一设计理念超越了停车场的范畴，讨论了有车及无车情况下大楼的多重功能。在当今汽车面临越来越多负面评价的时代，这是一个非常吸引人的话题。许多城市都在寻找减少汽车依赖性的方法。

设计师对所有空间采用相同的处理方法，大楼的结构将会随着时间的推移，依照人们对单元空间的使用逐步发生变化。这又涉及到停车的需求不复存在时，（纽约中心区域）出现大面积可用空间的这种可能性或议题。方案中务实的叠加空间设计使建筑具有动态感，精美的结构设计使人联想起水晶宫——一个精致空间组合构成的整体结构。方案中所有细节都得到了详细的说明，轻盈的平面布局反映建筑的核心特色。

特别奖是由威尔·傅和罗根·斯蒂尔设计的高线电影院。

特别奖是由彭迈林（音）设计的停车场。

特别奖是由约亨·克罗伊特尔，约舒卡·特雷克，雅各布·布劳恩和塞巴斯蒂安·豪默设计的“声音公园”。

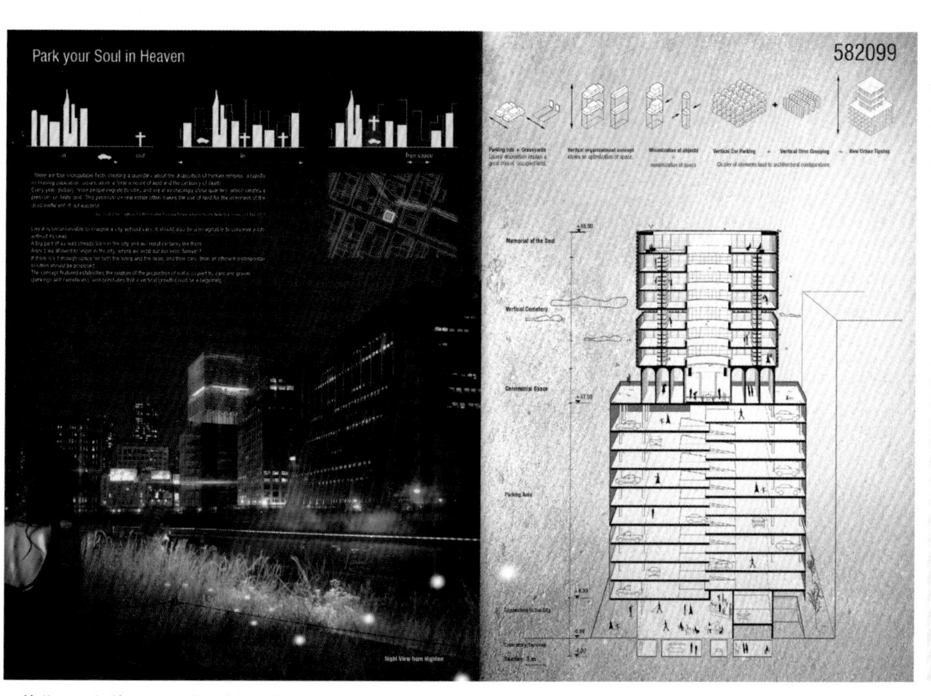

二等奖——佩德罗·马丁斯，安娜·桑托斯和米格尔·佩雷拉设计的“将你的灵魂停在天堂”

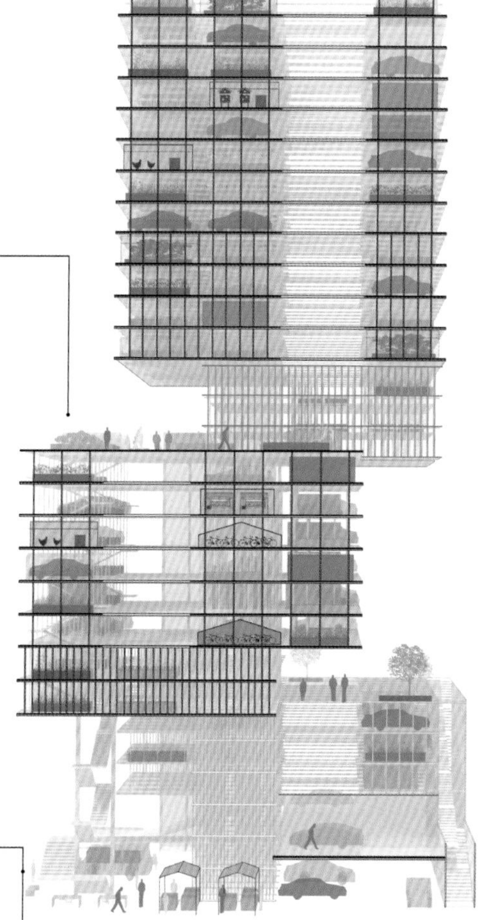

三等奖——曼森·冯设计的社区驱动者

列克星敦布兰奇镇溪水公共空间设计竞赛

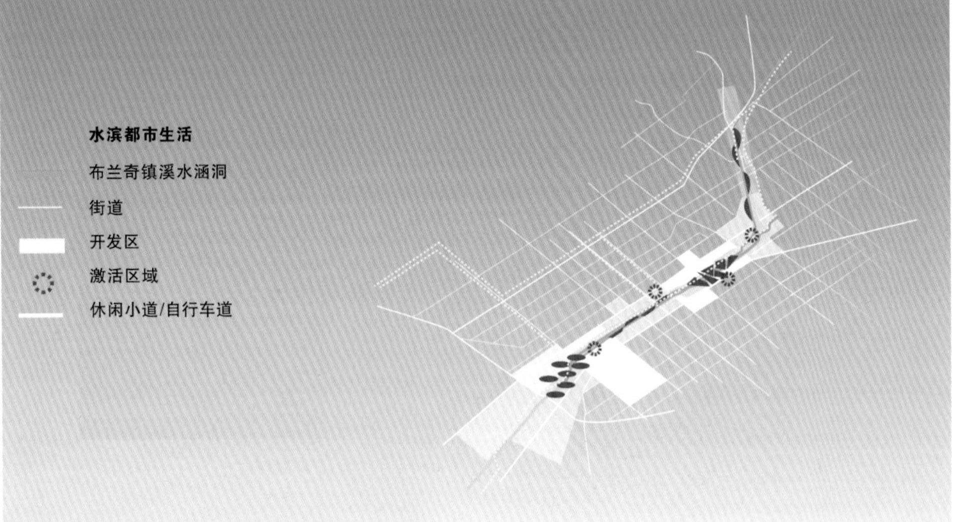

The Winning Design

优胜奖

振兴布兰奇镇溪

展露、清洁、雕琢和连接

SCAPE设计公司 / LANDSCAPE ARCHITECTURE PLLC设计公司

喀斯特地貌是列克星敦市一个不为人知的秘密。城市下方这种独特的石灰岩层结构滋养了肯塔基蓝草的生长，据说地产的蒸馏波旁威士忌也因此获得了与众不同的风味。由于喀斯特地貌中的多孔结构，地下水渗透石灰岩层的过程中呈现不规则运动，时而汩汩下沉，时而激扬流出。列克星敦市正是采用这种展露、清洁、雕琢、连接的策略将城市中根基深厚的细微之处与眼前的发展前景联系在一起。振兴布兰奇镇溪有助于塑造市中心形象，引导列克星敦市朝着具有包容性、弹性、竞争力以及生态生产力的方向发展。设计师全力呈现地下河以及水的多方面品质，展现一系列的城市景观。将布兰奇镇溪清理成一个具有生态可行性和安全性的水道，雕琢成一块城市的织锦，重新融入它的源头。设计师比较了单一的直线型河道，最终决定采用网络的概念，通过水窗、池塘、喷泉和花园式过滤结构的灵活使用，将地下河呈现在外，并在沿途塑造形式多样的公共空间。在这个以地形为灵感的景观设计方案中，公共空间就像蜿蜒项链上的宝石，呼应正在形成的城区，同时保留在城市河流建设中的灵活性。历史中的布兰奇镇溪推进了列克星敦市最初的布局模式，如今重新规划的布兰奇镇溪将再一次催化、联结这个城市的蜕变。

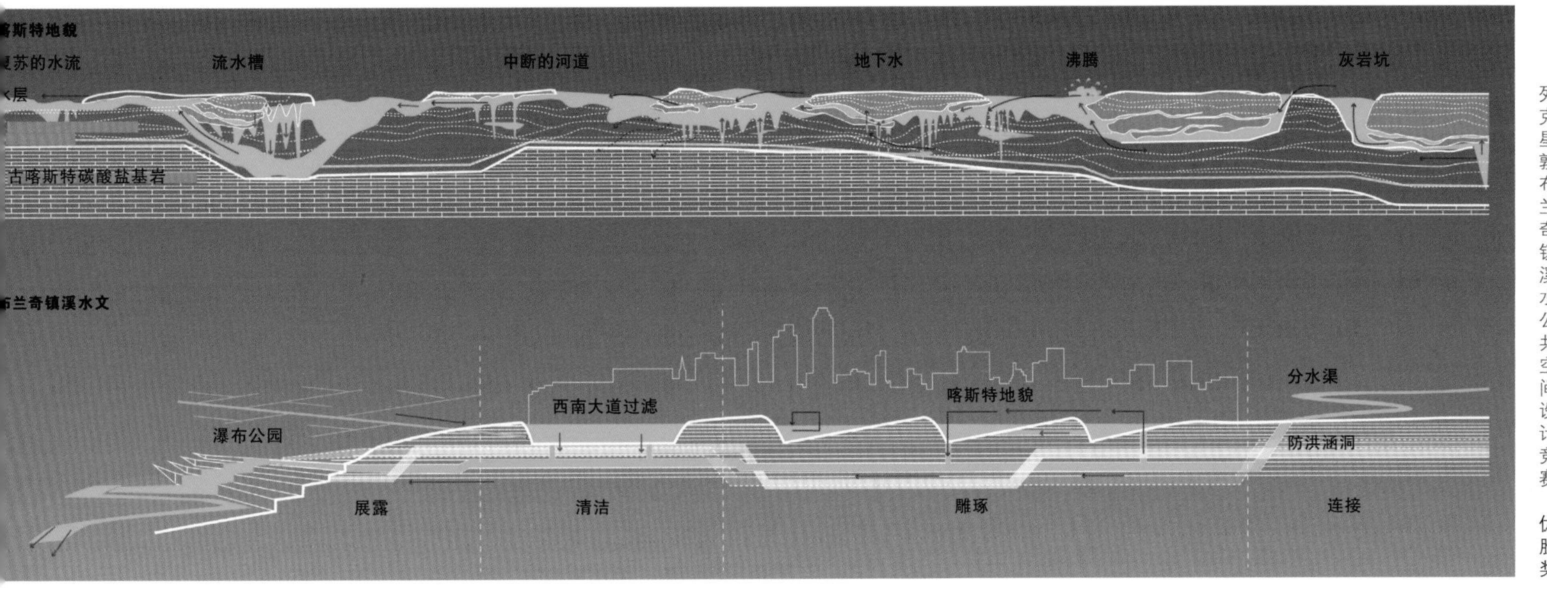

喀斯特地貌
复苏的水流
流水槽
中断的河道
地下水
沸腾
灰岩坑
水层
古喀斯特碳酸盐基岩
布兰奇镇溪水文
分水渠
西南大道过滤
喀斯特地貌
瀑布公园
防洪涵洞
展露
清洁
雕琢
连接

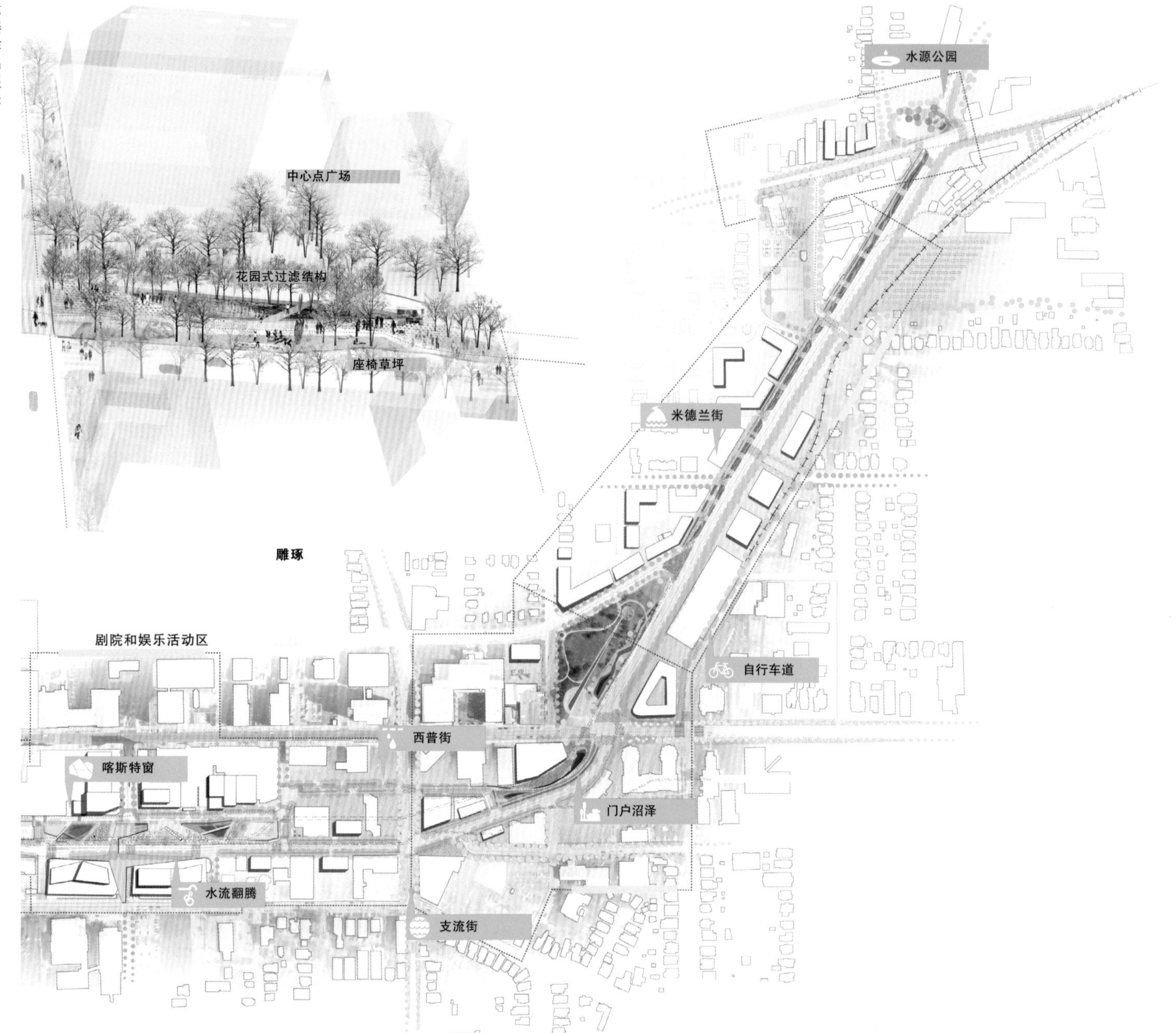

连接东区源头：

城市东区和贝尔区的住宅建筑是布兰奇镇溪在城市中的起点。作为重新散发活力的社区走廊，布兰奇镇溪将那些被铁路和高速公路等基础设施分割的区域重新连接在一起。混合功能的开发区与邻近米德兰大道原有住宅的格局相综合。米德兰大道被重新改造成“蓝色街道”，在这里可以见到停车车道、人行横道、植被缓冲区和溪水的涓涓细流。原有的各式铁路基础设施被重新规划连接成一个自行车车道，拉近米德兰大道与市中心的距离。

雕琢喀斯特公共空间：

设计师将全新的水媒公共空间镶嵌到列克星敦市新兴的艺术文化区域，促进市中心空地的发展利用，扩充城市生活的基础设施。拆除MLK大道上的天桥后出现的多层次公共空间成功地将周边街道的活动吸引过来。将当地原有的戏剧、艺术和娱乐活动重新集中在广场周围。布兰奇镇溪水出现、消失，在公共空间中以喀斯特地貌的形式再次出现，为表演、娱乐活动创造出更大的舞台，也指示人们注意地下潜藏的河流。

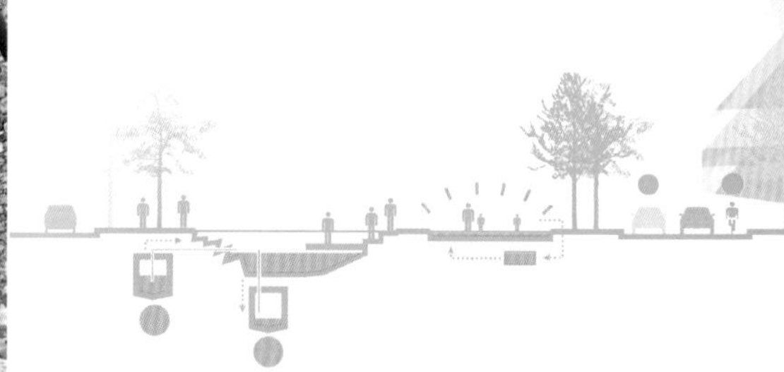

喀斯特地貌：

沿着喀斯特石灰岩层，水流时而湍急，时而平静，最终与河流相汇。

布兰奇镇溪水文：

布兰奇镇溪是喀斯特地貌在城市中的体现。随着列克星敦的地势起伏，在几个重要位置将自己的面貌呈现在世人面前。

城市水域：

布兰奇镇溪的源头是列克星敦市的公路、街道和下水道。设计师计划在水流到达主河道之前，利用附属街道旁的植被对其进行收集和过滤处理。

水滨都市生活：

布兰奇镇溪将作为连接元素贯穿列克星敦的核心区域。以水为核心的都市生活揭示了环境之间的关联，催化新项目的开发，创造城市生活、工作、休闲娱乐的新机遇。

布兰奇镇溪：

多种建筑材料根据喀斯特地貌的特征进行搭配，指示溪流在城市中的路径。

道路铺面：

透水的铺面反映喀斯特石灰岩多条纹、多孔的质地。表面径流通过铺面过滤后，重新成为地下水补给。

石头围墙：

列克星敦市的景观与露出地表的喀斯特结构以及石灰岩墙壁相映成趣。市中心的石头围栏将车流、水流分离，也可以供行人小坐休息。

河岸森林：

河岸植被取代了传统的街道植被，促进生态多样性，同时形成河岸小径。

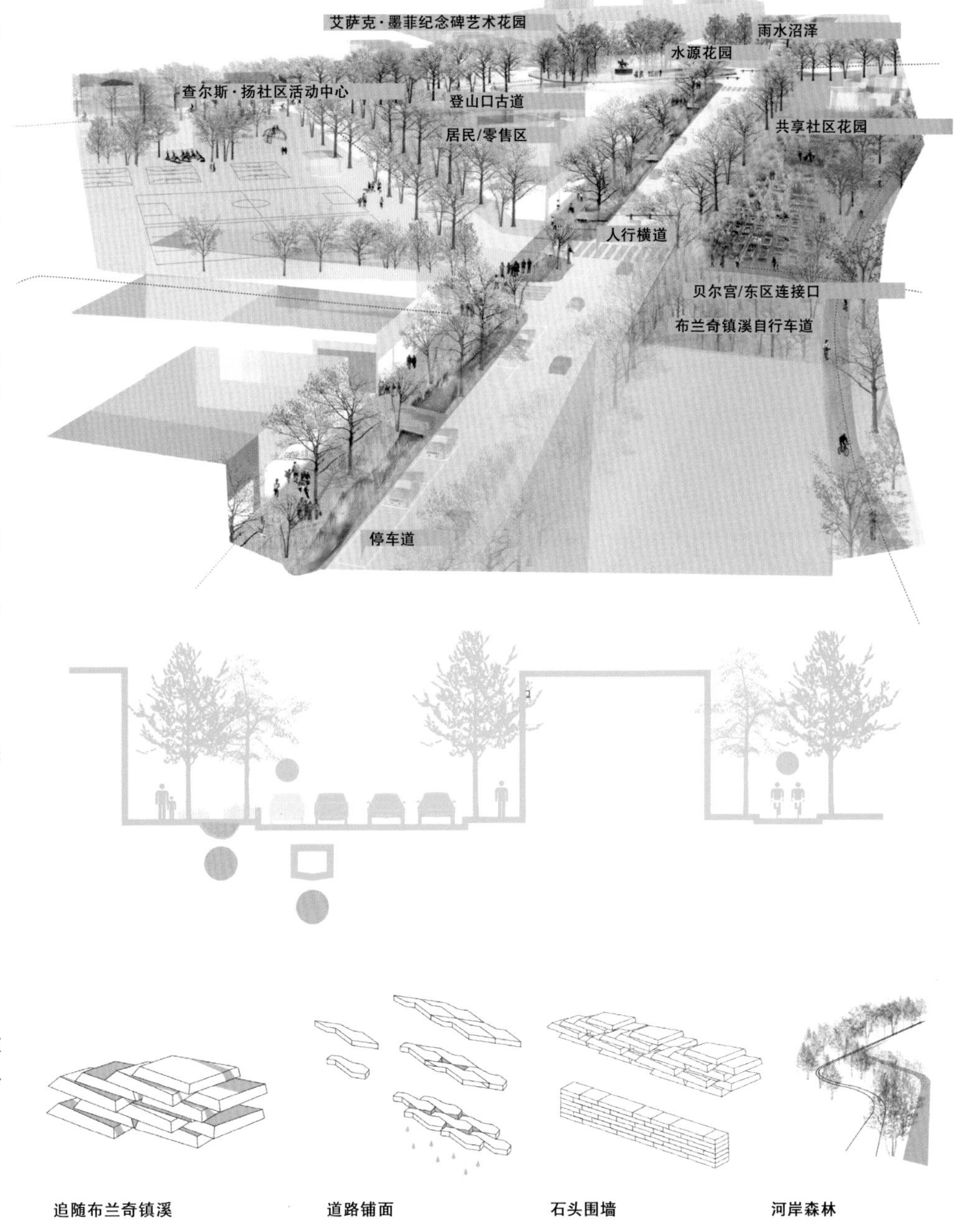

照片、效果图、图纸、模型图和文本：©SCAPE / Landscape Architecture PLLC

Finalist

入围奖

布兰奇镇溪水公共空间——让它自然发展

COEN + PARTNERS设计公司

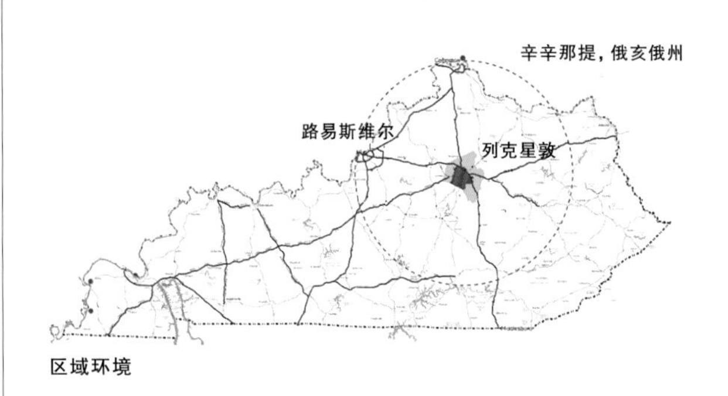

区域环境

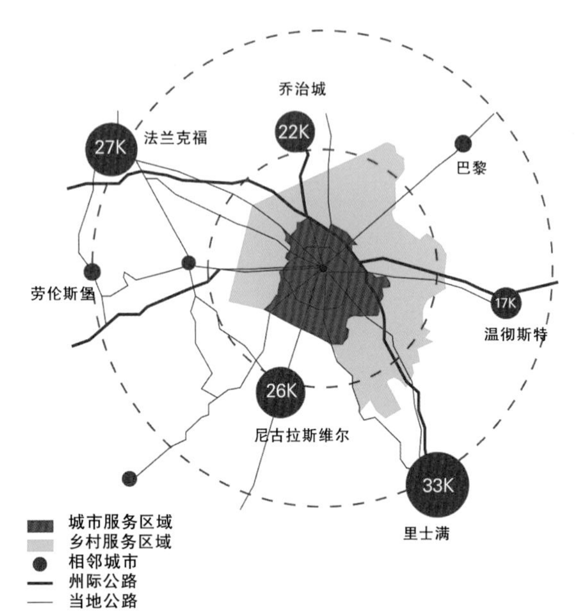

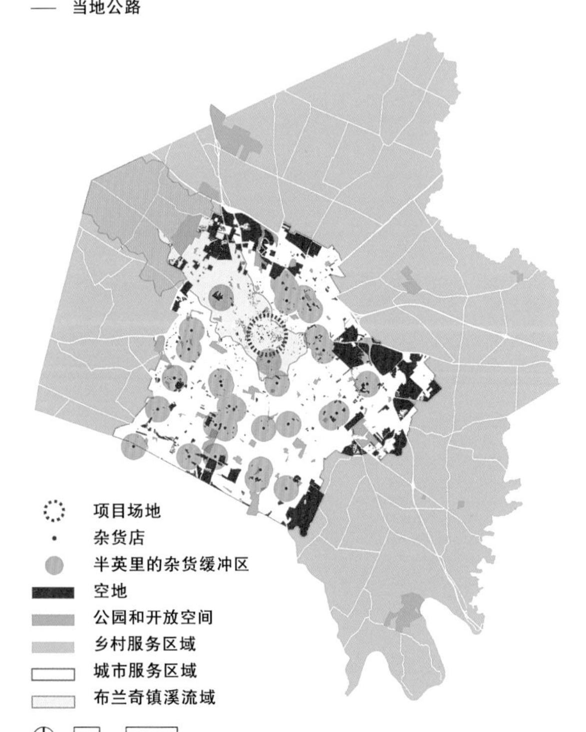

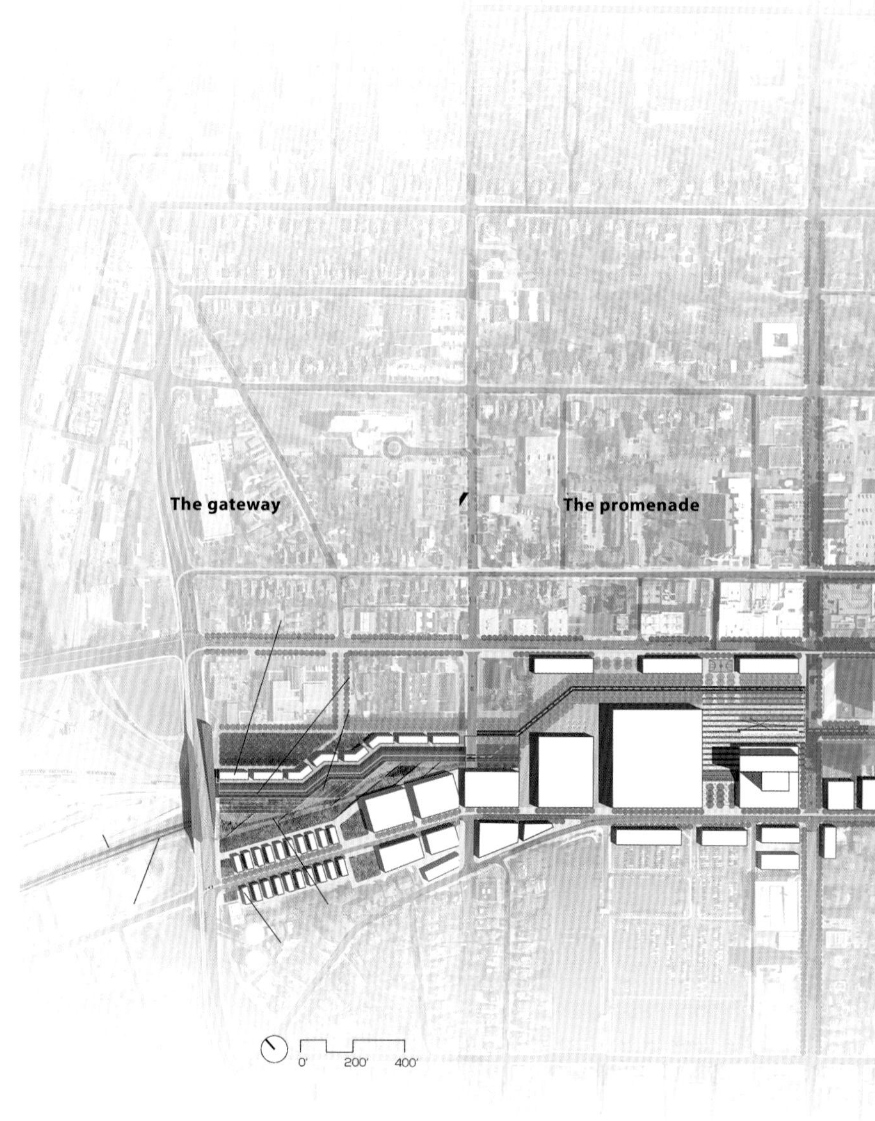

文化网络

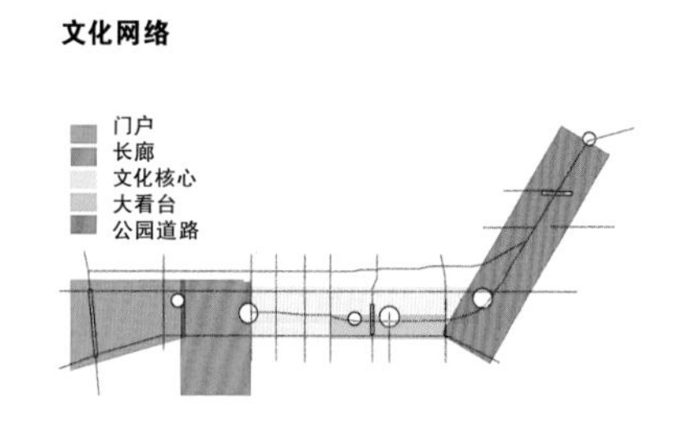

能量动力

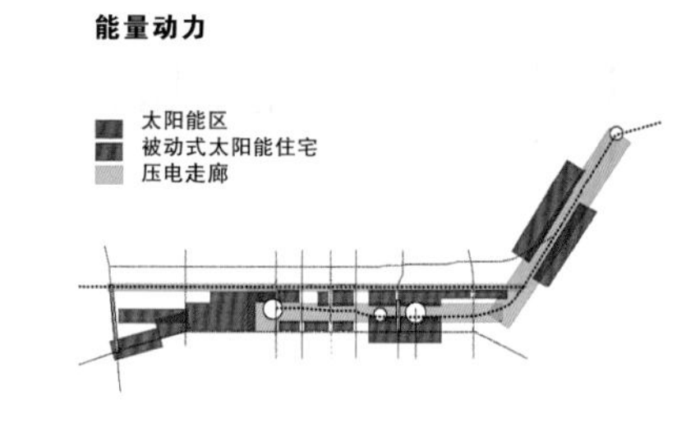

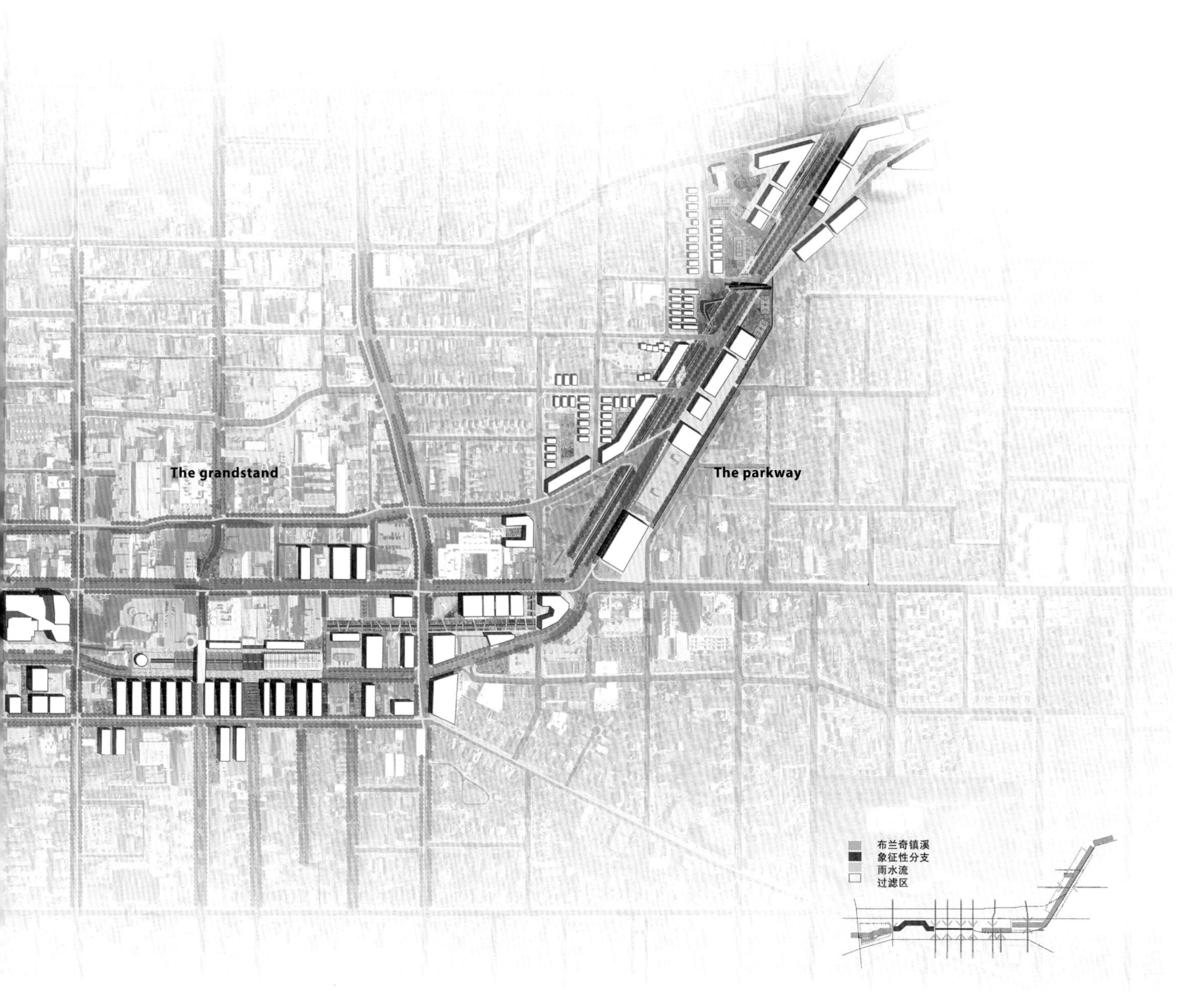

照片、效果图、图纸、模型图和文本：Coen + Partners

列克星敦布兰奇镇溪水公共空间设计竞赛　入围奖

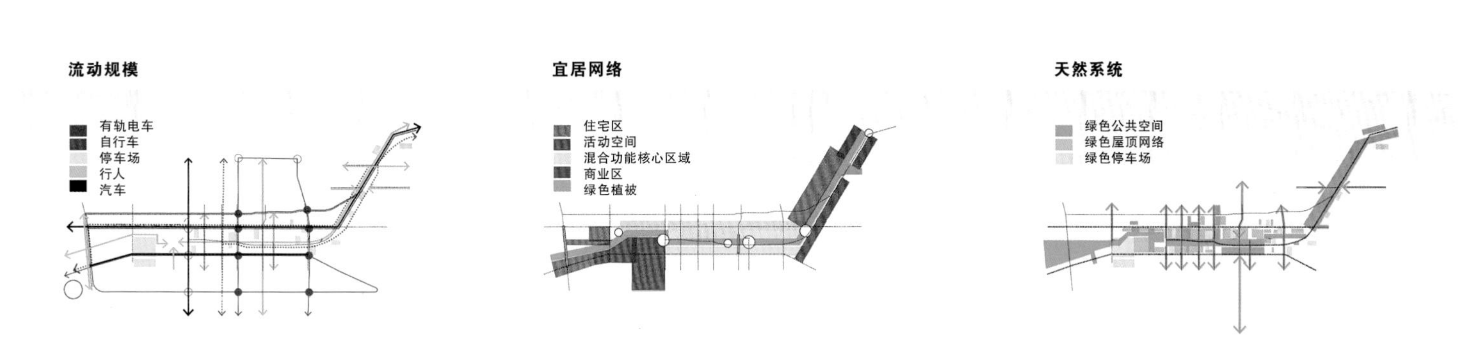

Coen + Partners设计公司在方案中强调重新定义城市环境的重要性，提倡将开放的空间网络处理为嵌入了系统、流程和可衡量指标的多功能景观，使其能够长期维持这样的设计，为环境注入活力。

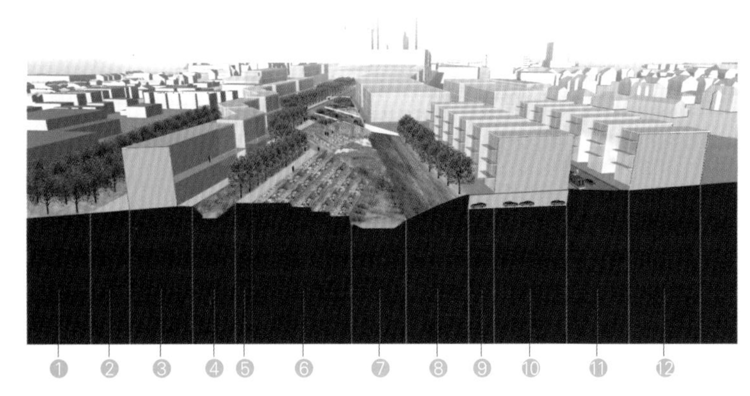

1.城市森林 2.通道走廊 3.被动式太阳能住宅 4.雨水生态沼泽 5.木板路 6.城市农田 7.雨水处理 8.草甸山坡 9.公共步道 10.住宅开发区 11.高街电车 12.住宅开发区

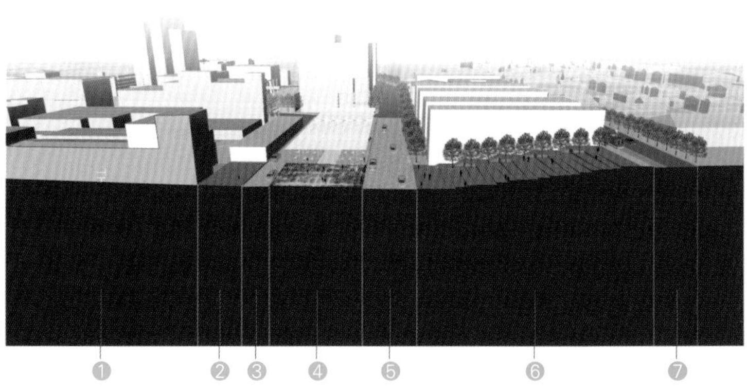

1.肯塔基剧场 2.人行道/广场 3.沃特街 4.太阳能光雕舞台 5.拜恩街 6.俱乐部座椅和通道 7.高街电车

尽管在城市发展的早期，地下河道似乎必不可少。人们如今已经将溪水和开放空间的系统更新视为市中心的再生工程，希望其对地下水域的清理和洪峰雨水的吸收起到促进作用。

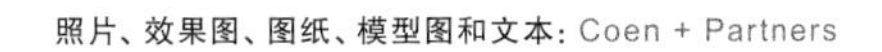

照片、效果图、图纸、模型图和文本：Coen + Partners

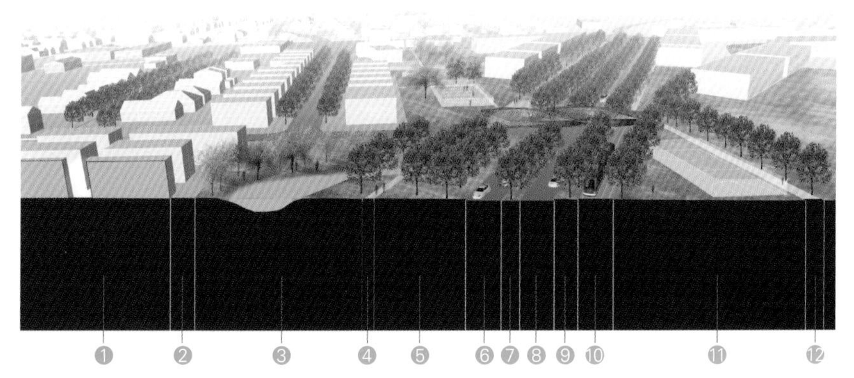

1.住宅开发区 2.通道 3.布兰奇镇溪 4.小道 5.种植了本地植物的公园道路 6.米德兰大街 7.植被 8.米德兰大街 9.植被 10.S电车 11.娱乐活动区 12.小道

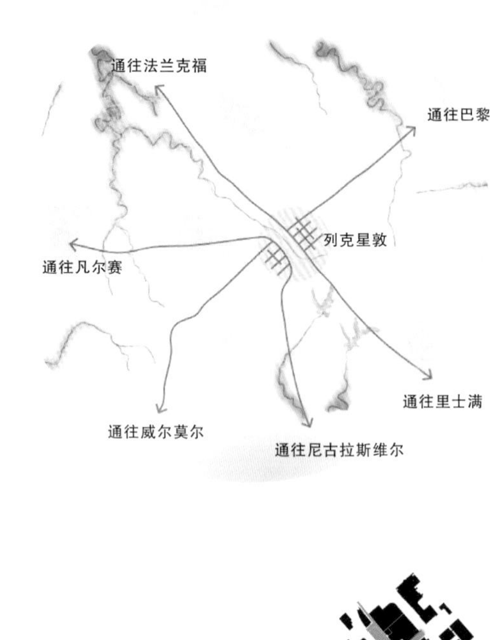

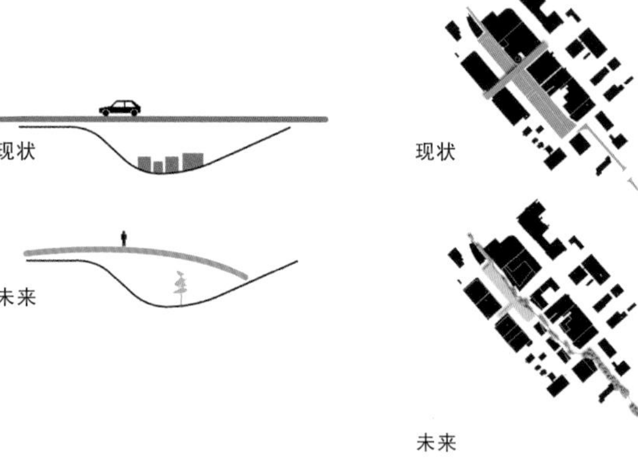

入围奖

Finalist

复活——溪水的回归，人们的回归

Civitas建筑设计公司/ 公共空间设计公司/ HDR建筑设计公司

很久以前，布兰奇镇溪曾是这里一个最重要的资源，但人们不知道如何保护它，很快它就变得淤塞、碍眼。就此，河道变成了一个不为人所齿的城市阴暗面，被人们用来装卸货物和停车。昔日的城市门户沦为萧条的后门。在设计师的设想中，布兰奇镇溪将重新获得意义和生命，吸引新的私人投资，再次成为城市的门户；成为一个适合人类和动植物活动，能够服务多种活动形式的统一、活跃的公共区域，最终构建一个和谐健康的社区。列克星敦市位于蓬勃的中心地带。这里四季温和，降雨分布均匀，石灰岩层位置较深，滋养了人类也孕育了世界上最肥沃的草地。流经底层石灰岩的地下水流影响了起伏的蓝草景观，新鲜的泉水源源不断地涌出，吸引人们在水流交汇处定居。昔日的这种痕迹如今依旧烙印在城市结构中。以交汇处为起点的辐射形式连接周边社区，即便在今天，溪水依然在城市的网格结构中占据了重要的地位。

如今溪水不在，市中心死气沉沉。列克星敦市中心的公共空间十分有限。重建布兰奇镇的溪水公共空间将使人们的生活、工作和娱乐场所重回市中心。扩大植被，增加步行路径有助于引导人们回归市中心区域。为了提高溪水的质量，设计师首先选择在步行街道旁增加雨水花园和风暴感受器。激活现有的公园和广场，增加新的公园、广场能够构成新的公共聚集点，定义中央公园、三角公园的鲁普体育场与艺术娱乐区和草谷这三个主要的市中心区域。恢复后的布兰奇镇溪就像一根线，穿起这些原本分散的公共空间。市中心的梅因街（Main）与拜恩街（Vine）之间原本有一处公共空地，曾经的公共空间如今只剩下一段不甚美观的路面。作为一条偏僻小巷，沃特街与停车场、马丁·路德·金过街天桥都相距甚远。设计师们从这处空地获得了灵感。为何不将它改造成一个服务人们而不是服务车辆的空间呢！为何不将这里改造成一个体验城市的新起点，将标志性的景观带入市中心，将溪水引回地表！这里将成为激动人心的全新的布兰奇镇溪水公共空间。

温暖的晴天

俯瞰草谷

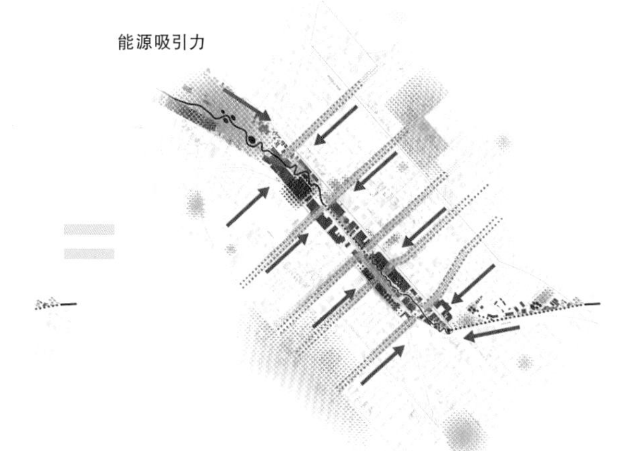
能源吸引力

在草谷漫步

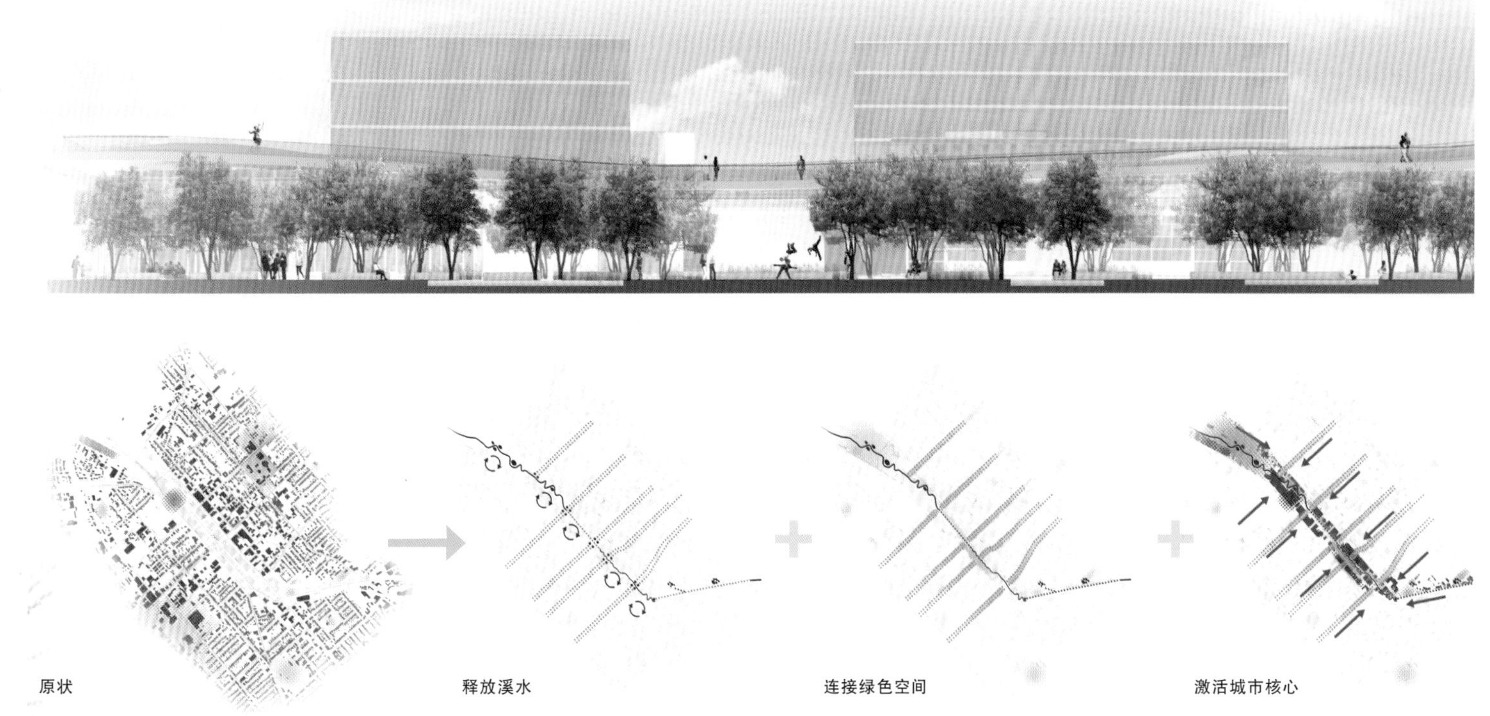
原状
释放溪水
连接绿色空间
激活城市核心

如果说溪水是线，它将把你引向哪里？

布兰奇镇溪水公共空间将一系列公共空间连接在一起，构成全新的列克星敦日常生活体验，同时充分展现城市的自然、历史和文化底蕴。不论是酿酒老区，还是查尔斯·扬公园，这些公共空间中的每一个单元都必须具备开展多种项目和活动的能力，针对所在位置和环境有一定的独特性，有吸引力，能够使人流连忘返。喷泉、运动场、食品店、公交车站、自行车道、历史建筑、花园、流淌的溪水，一同构成了动态的美景，吸引不同人群在此从事多种多样的活动，参与到城市生活中来并成为其中的一部分。如果一个城市的每个区域有十处这样的公共空间，则可以形成群聚效应，吸引游客和当地居民聚集、活动。一个城市如果拥有十个精彩纷呈的区域，那它一定也会成为一个精彩的城市。有了布兰奇镇溪水公共空间建设计划，列克星敦也可以成为这样的城市。规划后的公共空间鼓励人群参与，纳入流淌的溪水，缔结成网络，将以其自身的活力和变化带动整个城市中心地带的振兴。

创造真实、可实现的愿景：

使用价格合理的环保技术，布兰奇镇溪水公共空间的构想可以很快实现。在原有基础设施上开展建设将使地表水流得到递增式开发。布兰奇镇溪水公共空间与重建后的鲁普体育馆将形成强大的组合，方便人们在参与体育馆活动的前后在市中心进行其他休闲活动。经济、文化、娱乐和休闲产业可以驱动市中心的经济增长与整体发展，公共领域的主要投资也可以与其他项目构成协同与合作效应。

包括查尔斯·扬公园，梅因街与拜恩街的十字路口，“中心点”以及城市公交总站的屋顶在内的多个空间适合开展立即的改造建设。短期内，草谷将从原有的MLK大道过街天桥上拔地而起，未来这里还会建成列克星敦–费耶特新城市政府大楼，激发MLK大道过街天桥和水利景观的巨大变化。

更轻、更快、更便宜的施工方式可以立即落实工程，激发人们对市中心出现溪流的憧憬。例如在沃特街尽头开设灰岩坑活动，用100个充气水池和花园软管组成临时的食品和工艺品集市，在沿沃特街的停车场上设置临时草坪，开展城市高尔夫锦标赛，抑或开设伴有当地美食、啤酒和波旁威士忌的米克罗–德比、草谷音乐节。

这些想法意欲起到激励的作用，但一切必须从列克星敦的市民和领导者开始。对每个人来说，布兰奇镇溪水公共空间都应该是真实可行的。因此设计师必须以当地的人民和环境为设计的起点，只有让所有人参与进来，设计师才能共同创造出真实、符合当地地域特色且备受欢迎的公共空间。

三角公园
鲁普体育馆和娱乐休闲区的戏剧化设计方案将体育馆作为酿酒老区、鲁普体育场与艺术娱乐区和市中心老城区域开发三重唱的核心内容。“解放”鲁普体育馆，消除拜恩街街面曲线的发展策略将三角公园以中央广场的形式呈现在世人面前，连接鲁普体育场与艺术娱乐区和市中心。穿过喷泉的新通道设计将零散的区域编织在一起，使公园的影响力延伸至市中心的零售、娱乐和酒店行业。三角公园将成为人们集结、庆祝的理想地点。

中心点
建成后的中心点区域将成为一处活跃的多功能活动区，南侧是潺潺溪水，同时毗邻梅因街上即将建设的21世纪酒店。区内的步行通道连通梅因街、拜恩街与中心点咖啡厅以及草谷，为行人提供方便。

草谷
草谷（Bluegrass Hollow）位于布兰奇镇溪水公共空间的中心地带，是一处高耸的蓝草屋顶花园，俯瞰拜恩街和溪水走廊，也是游玩、聚会、社交的好去处。溪水蜿蜒流淌，通过阴凉的广场中心。这里有屋顶庇护，相邻的区域鼓励当地的艺术、工艺品、食品以及音乐活动。作为吸引新投资的催化剂，草谷能够激发更广阔的混合使用功能，为新市政大楼准备出空间，绿色连接高地上的社区和大学。

照片、效果图、图纸、模型图和文本：©Civitas+
Project for Public Spaces + HDR

观和植被，通道和
。惯例活动将围绕
央公园、三角公园、
铺都被这里的会议

齐普赛街市场
人们可以在齐普赛街找到新鲜的食品，香浓的咖啡和历史建筑。这里称得上是城市生活的一个重要组成部分。加强街道景观和活动场地的建设可以更好地使其与布兰奇镇溪水公共空间连接在一起，也可以对这个空间的特殊性起到突出作用。

凤凰公园和市民中心广场
满眼绿意的凤凰公园将新建壮观的倒影池，营造出怡人的休闲聚会空间。全民活动、学习和娱乐活动将在这里蓬勃展开。图书馆提供室外阅读空间；夜幕降临后，DLC大楼的空白墙面上将放映电影。绿色植被一直延伸至梅因街北侧的政府大楼，在视觉上与布兰奇镇溪水公共空间连接在一起。

市政大楼
MLK大道过街天桥经草谷与梅因街以及拜恩街相连，建成后将成为一处充满活力的步行广场。列克星敦－费耶特市政府大楼的工程项目已经列入未来几年的建设计划，是当地需要的一项改造工程，可以转变城市核心，代替老化的停车设施，将现有的市政厅建筑改为三楼露台餐厅俯瞰草谷的精品酒店。

东区
焕发生机的查尔斯·扬公园及活动中心对城市东区的社区有着非常重要的作用。人们可以在多个喀斯特灰岩池近距离接触布兰奇镇溪水。这些灰岩池的基本功能是蓄水，同时还构成室外生态教育中心的主要内容。孩子们可以在这里学习有关当地环境和历史的知识。查尔斯·扬公园与艾萨克·墨菲纪念碑艺术花园都是自行车运动的理想场地，也是布兰奇镇溪和古道的开端。后者通向第三大道重建项目和大剧场，将东区社区与市中心生活重新联系在一起。

溪水周边
溪水流经多个安静的花园，在这里开展小面积的填充型建设项目将为沿岸空间带来休闲、办公、商业空间等多重可能。

萨罗布莱德公园
溪水在衔接梅因街（Main）的萨罗布莱德公园到达地表，以喷泉的方式汇入池子，蜿蜒流向市中心的方向。小规模的圆形剧场和自行车场地沿述德街（Short Street）融入周围环境，鼓励当地居民参与公园的活动项目，近距离观赏这里的标志性雕塑。

Finalist

入围奖

美丽的蓝色水流
"室内室外"设计团队:
佩特拉·布莱塞

公共绿地　市中心公共空间　公共空间门户

弗雷德里克·劳·奥姆斯特德的经典设计(波士顿)

肯塔基大学学生笔下的布兰奇镇溪水

人们都知道，城市公园不单纯是孕育野生生物的天堂。当今的城市花园具备多重功能——它们作为城市中心的一种多功能景观结构，行使或正式或矛盾的目的与功能。城市公园可以实现组织、连接、划分和界定的作用，对周边环境起催化、激发和丰富的作用，对城市有着激活、启动和升级的作用。对外传递城市的内涵以及当地居民的生活态度。这一设计包括街道景观、人行道、露天停车场、桥梁、建筑外墙以及数字景观。

无论作为观景对象(以不同速度，不同角度)，还是一种工具形式(家的延伸，公共空间的延伸，也是私人发展的新机遇)，公园都发挥着重要的作用。公园以这种方式在不同机构、文化和场所之间轻松地构成"连接"，形成一个城市的多层次结构。

如果说在19世纪，公园是城市中分散的块状绿地，那么20世纪的城市正在被整合了绿色的城市经济重新定义。

最后，公园还具备外交功能：它讲述城市的过去，也描绘了城市的未来。城市公园也具有教育、激励和治愈的作用，提供适合放松、探索甚至工作的安静开放空间。

公园中的植被具有过滤、吸收、反射和清洁的功能。园中场馆可以开展公共活动、提升公民的社会参与感和公众凝结力。公园的维护工作能够激发关爱、行动力与公民自

列克星敦市的地形得到了突出和强化

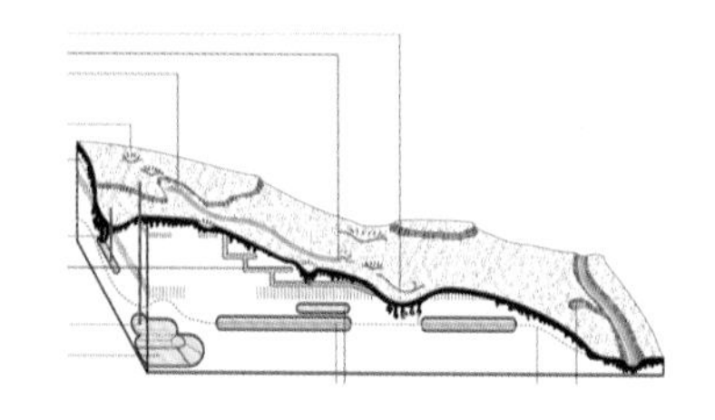

石灰岩喀斯特地貌是肯塔基以及新公共空间的地质基础

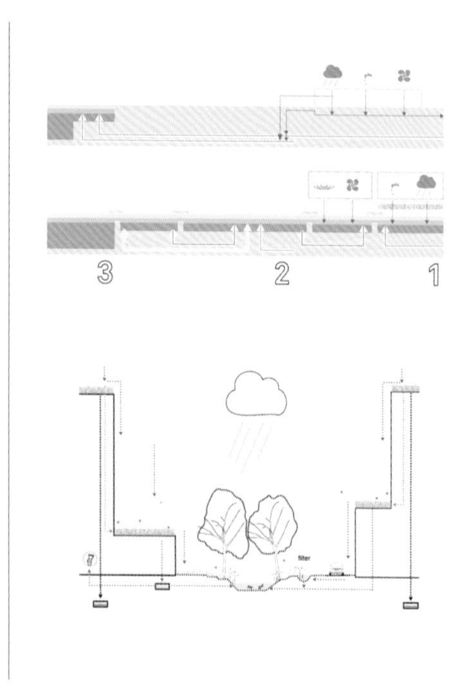

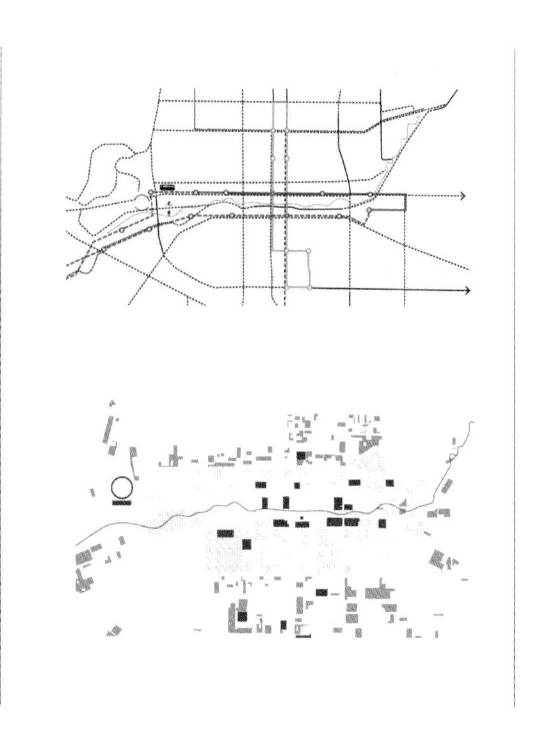

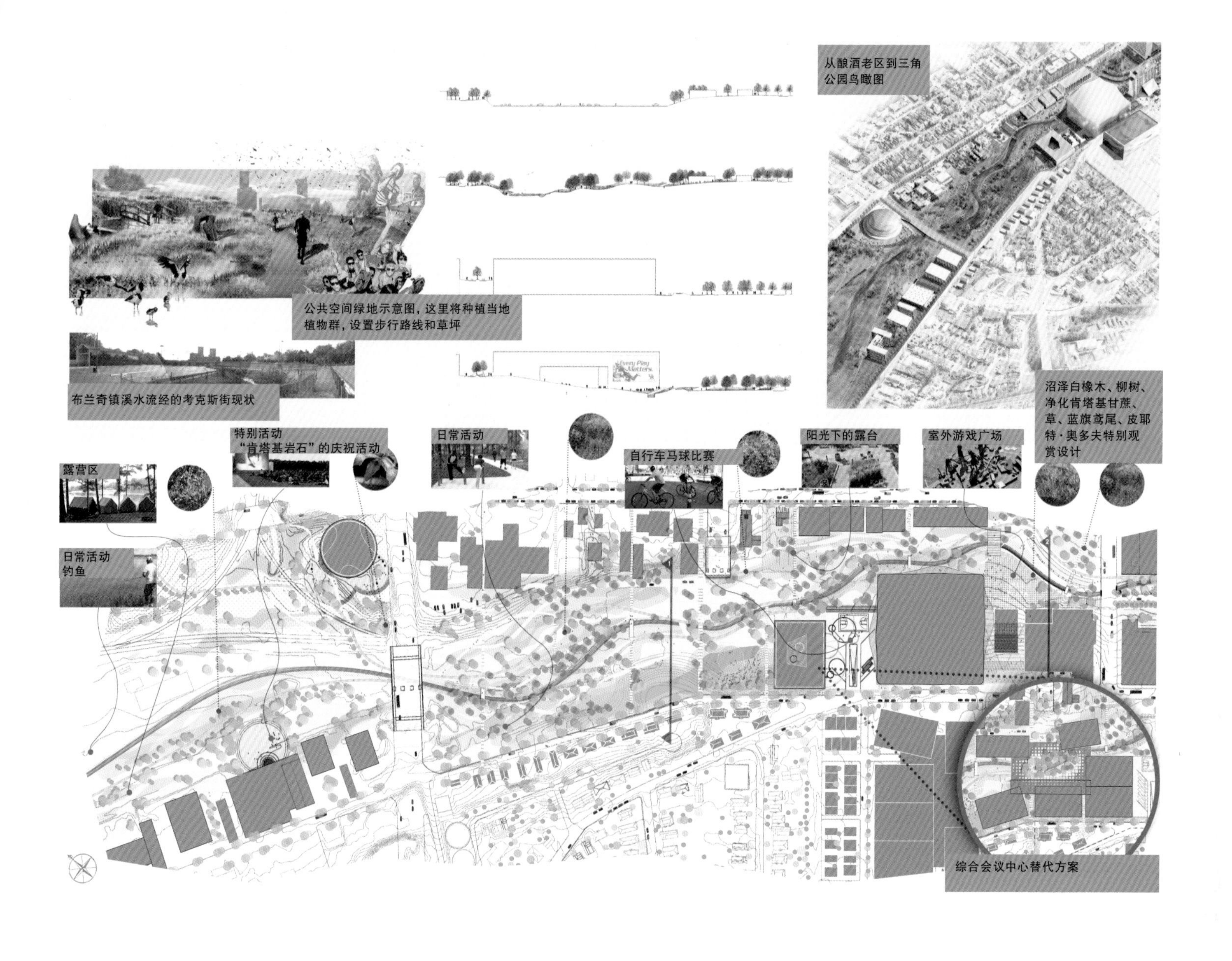

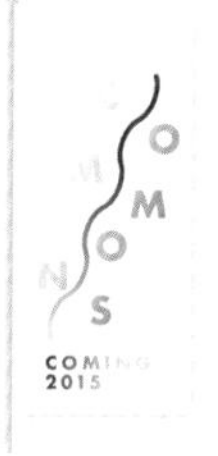

豪感。公园是可以创造价值的：它激发新的发展建设。加强城市的基础设施建设，构建价值观生成的平台——城市发展的地点和方式。与其他建筑形式相比，公园形式灵活、易于变化、便于即兴发挥。在不断进行着反思和修正的当今社会中，这是一个十分重要的特质。在这个时间点上，公园的存在对城市的未来发展有着积极的促进作用。

公共绿地：

汽车曾经一度主导了列克星敦的街道景观，而如今，兰奇镇溪水才是街道的核心元素。60号街（Route 60）被部分改造，朝向其他街道（Short and High street）。这样拜恩街变得更加令人愉快而富于变化，从而形成一个新的列克星敦中心地带。水元素再次占据了重要位置，绿色堤岸收集雨水，宽阔的人行道可以容纳自行车和旱冰等活动。

交通方向可以选择设定为单向三车道或双向车道，并配有沿街停车位。溪水使拜恩街真正地焕发活力。它使得入口处的环境更加怡人，也为特定建筑创造了条件。停车场之内有小咖啡厅和书店等嵌入式结构。这个区域的闲置空间用来建设一个公共公园。三角公园和凤凰公园等原有城市绿化将成为溪水公共空间的一部分。溪流边缘的部分硬景观控制

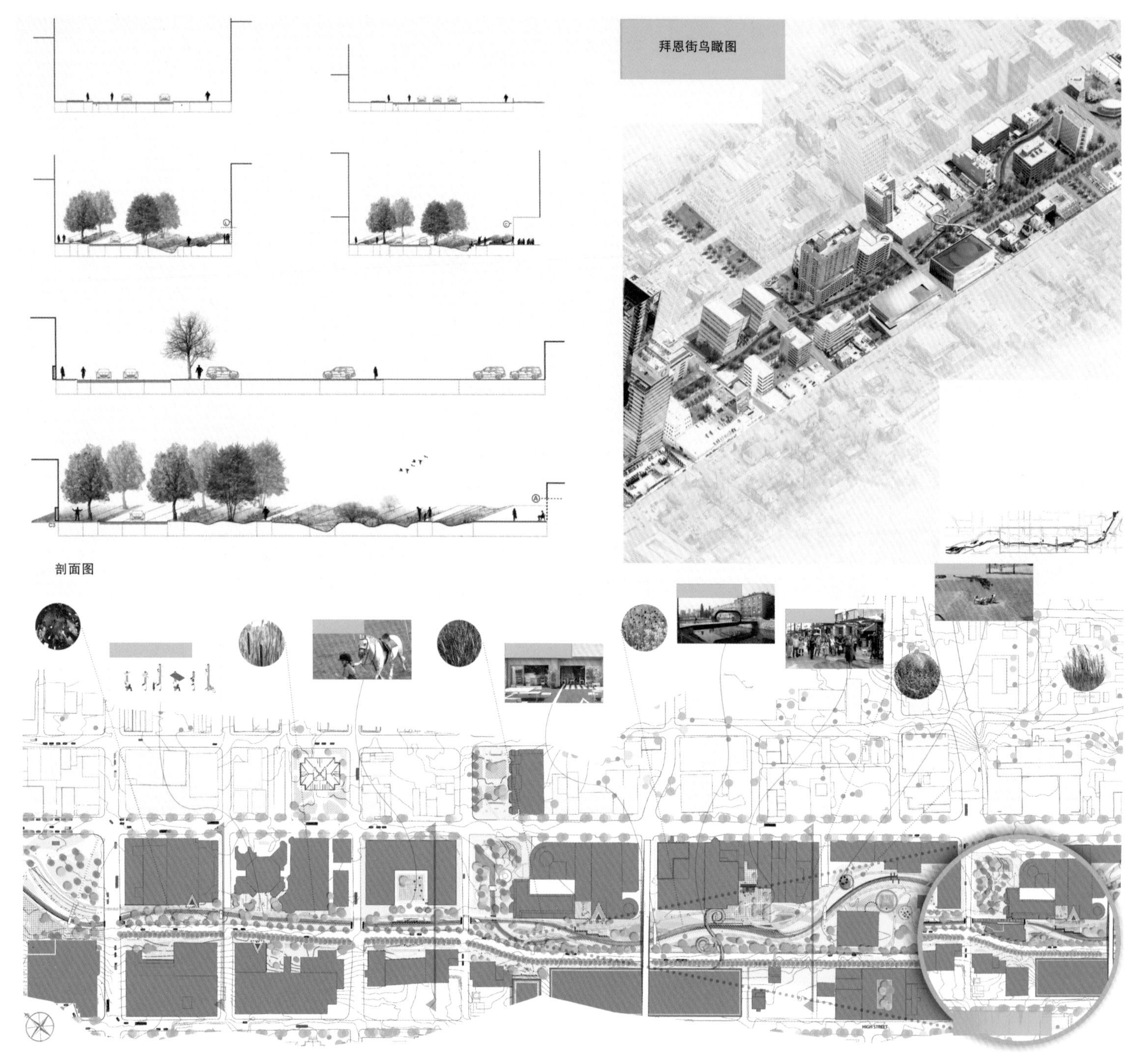

剖面图

市政府大楼一层的备选方案，连接公共空间和凤凰公园

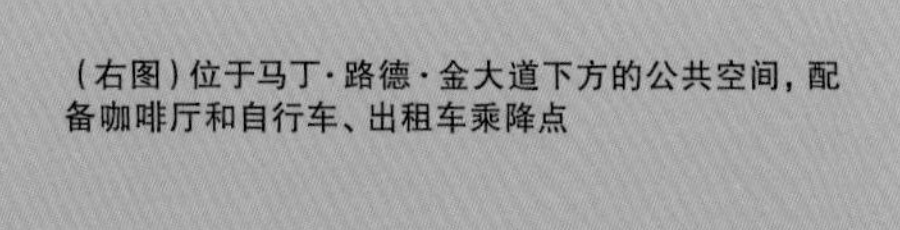

（右图）位于马丁·路德·金大道下方的公共空间，配备咖啡厅和自行车、出租车乘降点

从相同地点看公共空间现状

交通路线现状，备选方案对公园进行了更细的分割

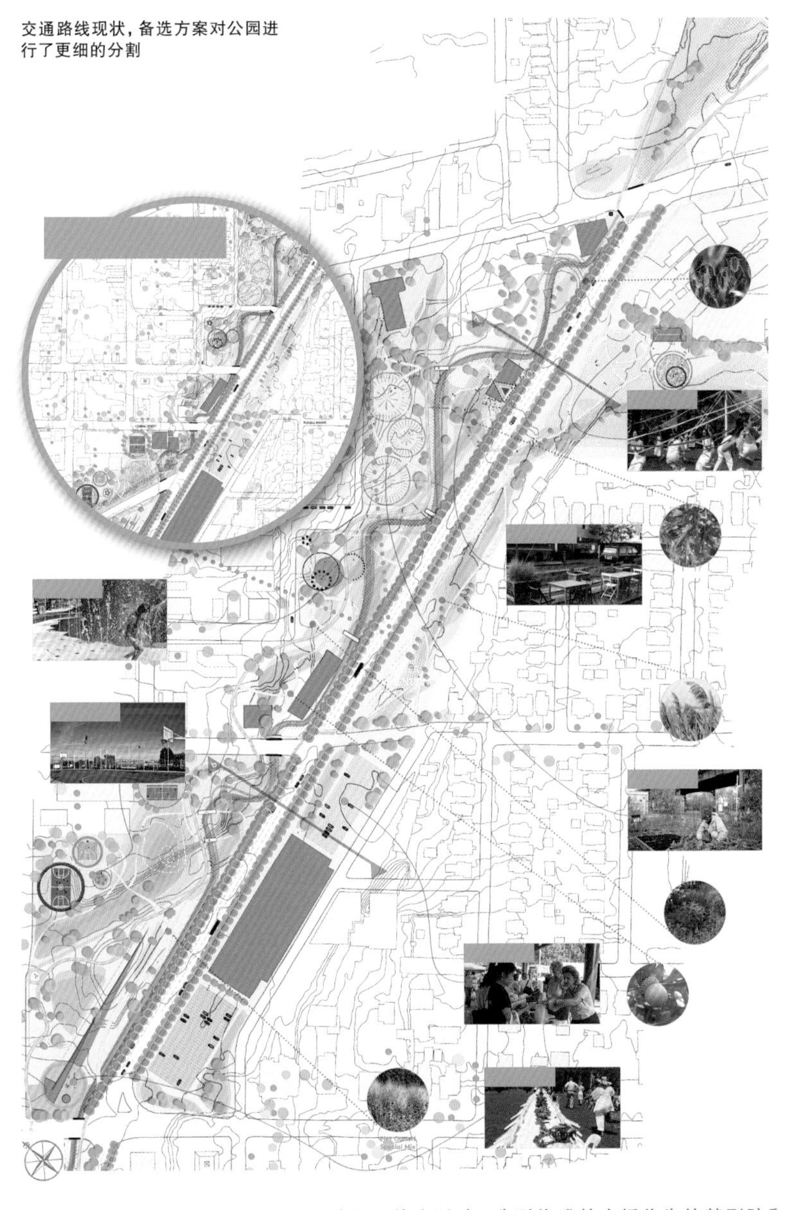

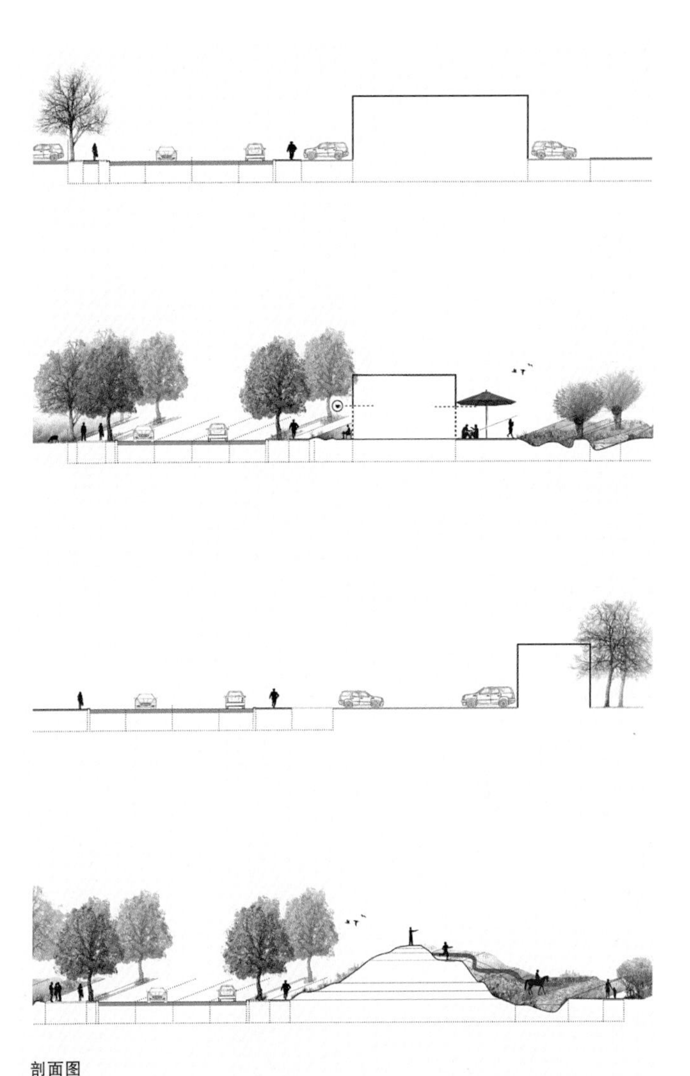

剖面图

水位，能够容纳集会、水边露台、运动场和体育活动。造型优雅的大桥将肯德基剧院和溪水与新的多功能宽幕投影系统连接在一起，俯瞰整个城市公园。

绿色通道：

开车进入城区，布兰奇镇溪水的源头清晰可见。这里位于米德兰大道东端，溪水由此向南流淌。在涵洞的缺口处，溪水第一次出现在地表。溪水为这个地区注入了新的意义。绿色通道改变列克星敦市区入口处的整体形象。米德兰大道边上的草坪有助于雨水溢流，同时提供了牧马，开发宠物农场的空间。

米德兰大道上一处社区活动空间效果图

照片、效果图、图纸、模型图和文本：©Team InsideOut

列克星敦先驱大楼Lexington Herald-leader building作为案例研究，为溪流补充水流。从不同来源收集到的水经过储存，沿萨罗布莱德公园Thoroughbred Park重新排放回布兰奇镇溪水。这样，公园得以在功能和外观上与公共空间的通道整合在一起。

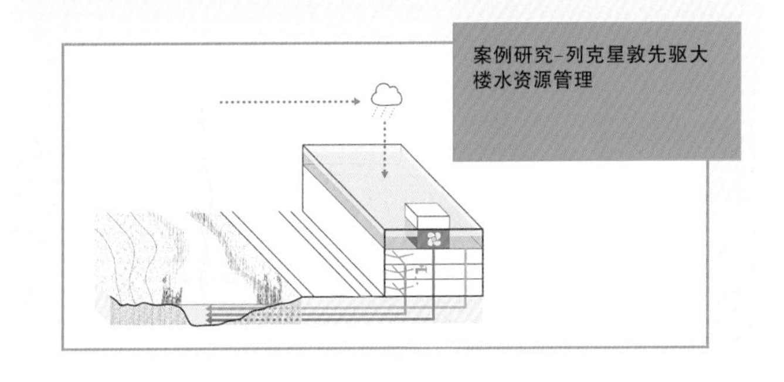

案例研究-列克星敦先驱大楼水资源管理

Finalist

入围奖

LEX即是多

肯塔基州，列克星敦市

JDS/朱利安・德・施迈特建筑师事务所+巴尔莫里合作设计公司，坦恩设计工作室+尼奇工程公司

詹姆斯・利马设计师事务所+Creative Concern综合传播公司+兰根工程和环境服务公司

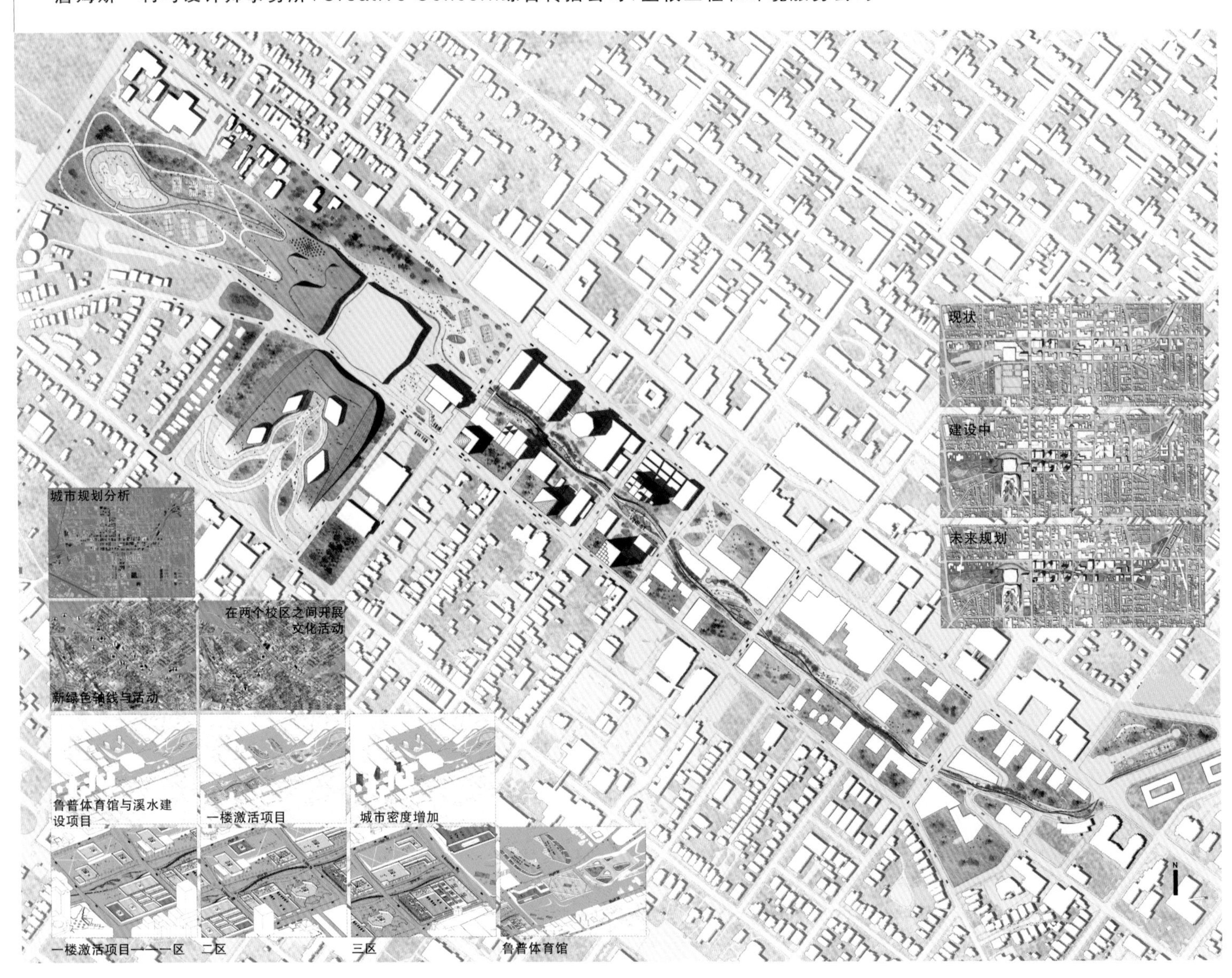

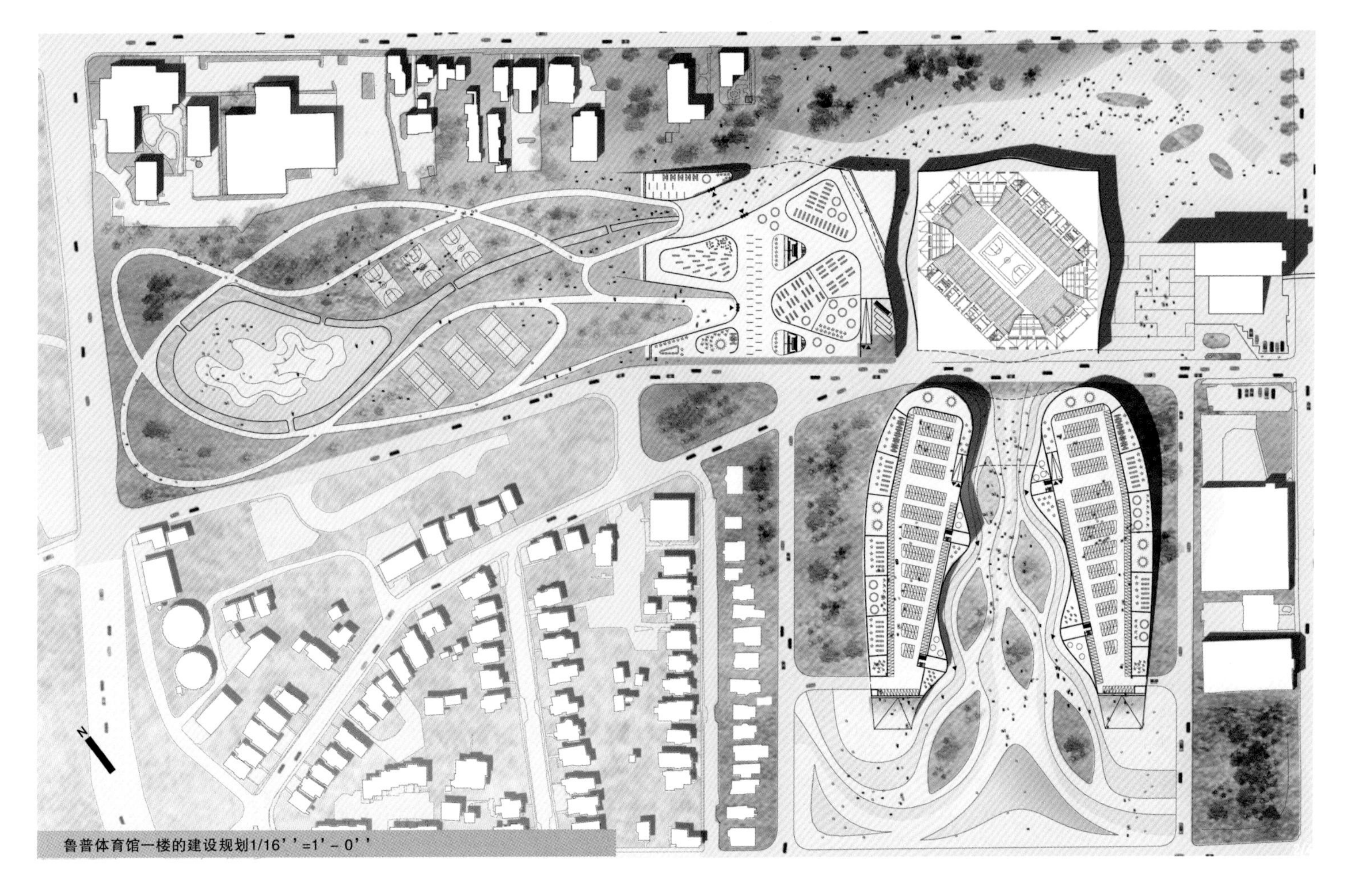
鲁普体育馆一楼的建设规划1/16''=1'－0''

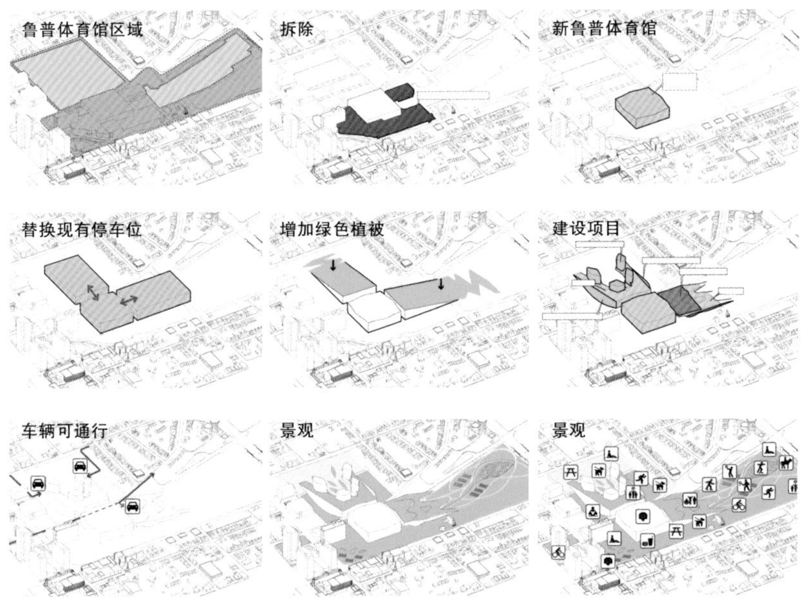

布兰奇镇溪水公共空间设计竞赛提供了一个启动多级市中心区域建设策略的机会。设计师们精心策划了这一发展策略，采用不同强度的区域规划，而非严格的线性定位。这些区域被视为能够开展部分或全部建设的机动区域。

发展策略将以拜恩街的一段为核心，一端是鲁普体育馆，另一端是石灰岩街。这段街道的重要性在于它坐落在容量既定的两个区域之间。一方面鲁普体育馆及广场在举行赛事时会灯火通明，另一方面，石灰岩街作为连接两个大学的主要通道，两侧分布了不少小型文化和商业建筑，已经对周围环境起到了激活的作用。

将这段市中心关键区域改造成公共性质的小型活动场所后，设计师将创造出一个安全指数较高的人行通道网络，不仅邻近周围建筑，也使其与街道的关系更为紧密。梅因街和高街将被改造成双向车道，保障市中心交通顺畅，同时限制拜恩街上通过的车流，将其严格控制在南侧的单车道内。最终，周边建筑设施的一楼可能随着周边社区生活的

场地剖面图A-A' 1/16''=1'－0''

场地剖面图 B-B' 1/16''=1'－0''

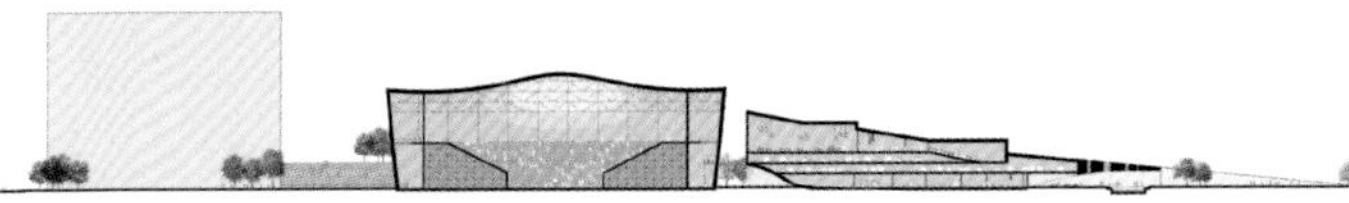

发展，变成更商业化的活动区域。

这块新建成的中央节点能够以随机的方式辐射并影响周围区域。接下来最可能开展的工程建设是鲁普广场，和紧临体育馆南侧的住宅及混合功能（含停车设施）建筑。同样位于附近的公约山，一处服务场馆的停车场，一个对溪流起整合辅助作用的公园。

石灰岩的东侧是一段更为开阔的溪水，这得益于附近建筑，特别是公交站周边较低的地势。这段区域为进一步发展地产提供了机会，但所有建设项目都应遵守相关规定以保持溪水的洁净。

继续向东，萨罗布莱德公园成为了设计师眼中衔接鲁普体育馆的绝佳节点。萨罗布莱德公园能够为周边社区提供运动场地和公园空间，在市中心与城市东区的住宅区之间形成过渡。从某种意义上说，它划定了市中心与东区的界限，与西侧的公约山公园有异曲同工之处。

单独地看，每个区域都有一定的特异性，在开展商业、文化和体育活动的公共空间整体规划中也具有连续性。

照片、效果图、图纸、模型图和文本：©JDS / Julien De Smedt Architects + Balmori Associates, Atelier Ten + Nitsch Engineering, James Lima + Creative Concern + Langan

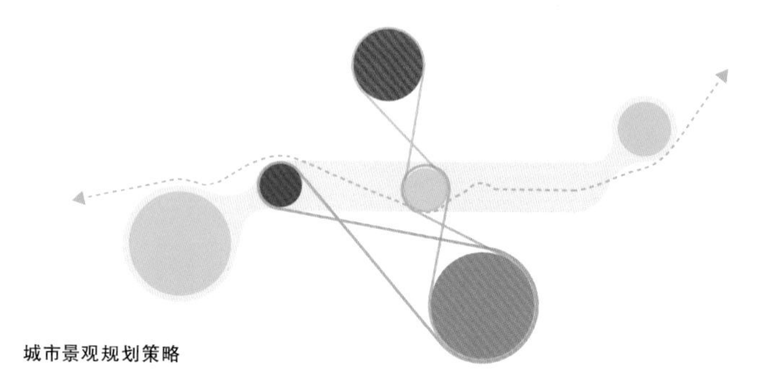

城市景观规划策略

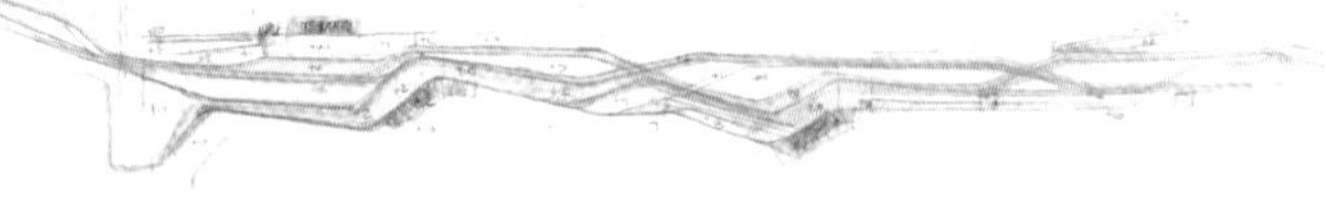

概念草图

可持续水文系统

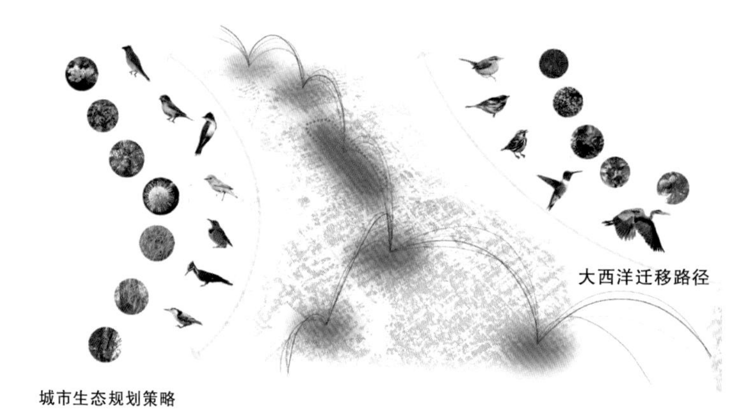

城市生态规划策略

列克星敦布兰奇镇溪水公共空间设计竞赛　入围奖

克利夫兰大桥设计竞赛

斯坦利·科利尔(*Stanley Collyer*)/撰文

桥梁的改造与重生

Transforming the Bridge

旧建筑保护与再利用一直是克利夫兰当地的一个焦点话题。然而，长期以来，当地居民向来把铁路遗产和昔日留下的基础设施视为无用，甚至认为应当从城市板块中去除。昔日的铁路轨道有一些被变成徒步线路和自行车道，这使得当地社区开始意识到这些废弃的铁路设施能转变为大家造福的公共设施。纽约的“高架铁路公园”想必是最好的例子，但其他的项目，比如近期进行的路易斯维尔大桥改造工程也反映了有关遗留建筑的旧观念正在发生巨大的改变。

建于1918年的底特律-苏必利尔桥情况略有不同。它是一个双层大桥，上层结构仍在使用中，供车辆通行。大桥跨越凯霍加河，在东西方向上连通克利夫兰。大桥下层曾作为有轨电车通道使用，在有轨电车退出历史舞台后一直处于关闭状态，仅在重大节日时对公众开放。如果能够在现实中将竞赛里提出的构想实现一部分，这一切都会发生翻天覆地的改变。

大桥改造竞赛——一个由克利夫兰城市设计协作桥梁项目赞助的国际化竞赛工程——将重新使用底特律-苏必利尔大桥下层结构设为工程的核心内容。竞赛要求中明确设计师应针对大桥提出令人信服的永久性使用规划，包括相应的公共通道以及与周边环境的良好连通。大桥的一个突出优点是它为整个城市提供了一个独特景观。布鲁克林大桥上层的人行通道就是一个很好的例子。本项目中大桥上的景色也许无法与纽约相提并论，但城市的发展和建设一直在继续。与传统意义上的建筑项目不同的是，大桥改造工程有潜力使其成为社区活动中心，以及全新的经济增长点。

竞赛最初吸引了来自20多个国家的164个设计方案，其中不乏在大桥下层增加观景楼梯，开设咖啡厅、集市、艺术馆、甚至图书馆的设想。经过最终的磋商裁定，评审团宣布有两个方案并列获得优胜奖，另设一个三等奖和多个特别奖：

*一等奖(并列)：#12370 Archilier 建筑师事务所 ($3,500)
美国，纽约
盛开，蒙东焕(音)，朴长索(音)，道天行(音)

*一等奖(并列)：#12151 ($3,500)
美国，得克萨斯，奥斯汀
阿什利·克雷格，艾德娜·莱德斯马，杰西卡·扎罗维兹

*三等奖：#12146 莫克森建筑师事务所 ($2,000)
英国，伦敦
本·阿迪，蒂姆·莫里，亚当·霍利兹卡，波林·马尔孔布，奥古斯汀·翁，杰士伯·斯蒂文斯，马库斯·士得顿

*特别奖：
俄罗斯，莫斯科
娜迪亚·科布特，阿纳斯塔西娅·魏因贝格

美国，华盛顿特区
劳伦·麦奎森，阿萨德·阿布德，马克·麦奎

美国，俄亥俄州，莱克伍德
布兰登·扬，汤玛斯·内斯特，加布里埃尔·费

中国，北京
科罗思邦建筑师事务所(设计公司/团队)，宾克·莱因哈特，安妮-夏洛特·魏克兰德，董浩(音)，克里斯蒂娜·波尔多莱兹，迪亚戈·卡罗·塞拉诺，菲利普·格鲁兹卡

法国，巴黎
伊娃·古德龙，马里亚姆·艾赫丹，克洛伊·莱马里，巴普蒂斯特·马内

美国，纽约，锡拉丘兹
丹妮尔·拉克斯，约书亚·格雷厄姆，郑颖(音)，袁媛(音)

德国，柏林
乌里兹建筑师股份有限公司(设计公司/团队)，古德龙·乌里兹

负责本次竞赛的五人评委团还包括：
- 特里·施瓦兹，肯特州立大学合作设计师
- 詹姆斯·达尔曼，美国建筑师协会会员，达尔曼建筑师事务所，美国威斯康辛州密尔沃基市

First Place (tied)

一等奖（并列）

照片、效果图、图纸、模型图和文本：©Ashley Craig, Edna Ledesma and Jessica Zarowitz

此次竞赛的一等奖是来自得克萨斯奥斯汀的设计团队，成员为阿什利·克雷格，艾德娜·莱德斯马和杰西卡·扎罗维兹。在这个方案中，将大桥下层改造成凯霍加河上大型公共空间的核心部分，取名为“制高点景观公园”。楼梯在竖直方向与大桥下层的观光点相连；“实验室”收集雨水，用于浇灌鱼塘；“树林”是一块梨树田。在设计团队的眼中：

“新方案的简约风格使得大桥的美丽之处展露无遗，同时还构成了一系列的动态空间。这样的设计是克利夫兰前所未见的。城市社区可以在此聚集，重新认识历史积淀以及自然系统的重要性，特别是提高对水资源的重视程度。

该设计利用水系统构成的统一基础结构元素，大桥下层的设计将充满无限的可能和惊喜。简单的建筑结构系统容纳了一系列生动的体验活动。极具表现力的水元素在市中心与城市西区之间不断改变着外观。”

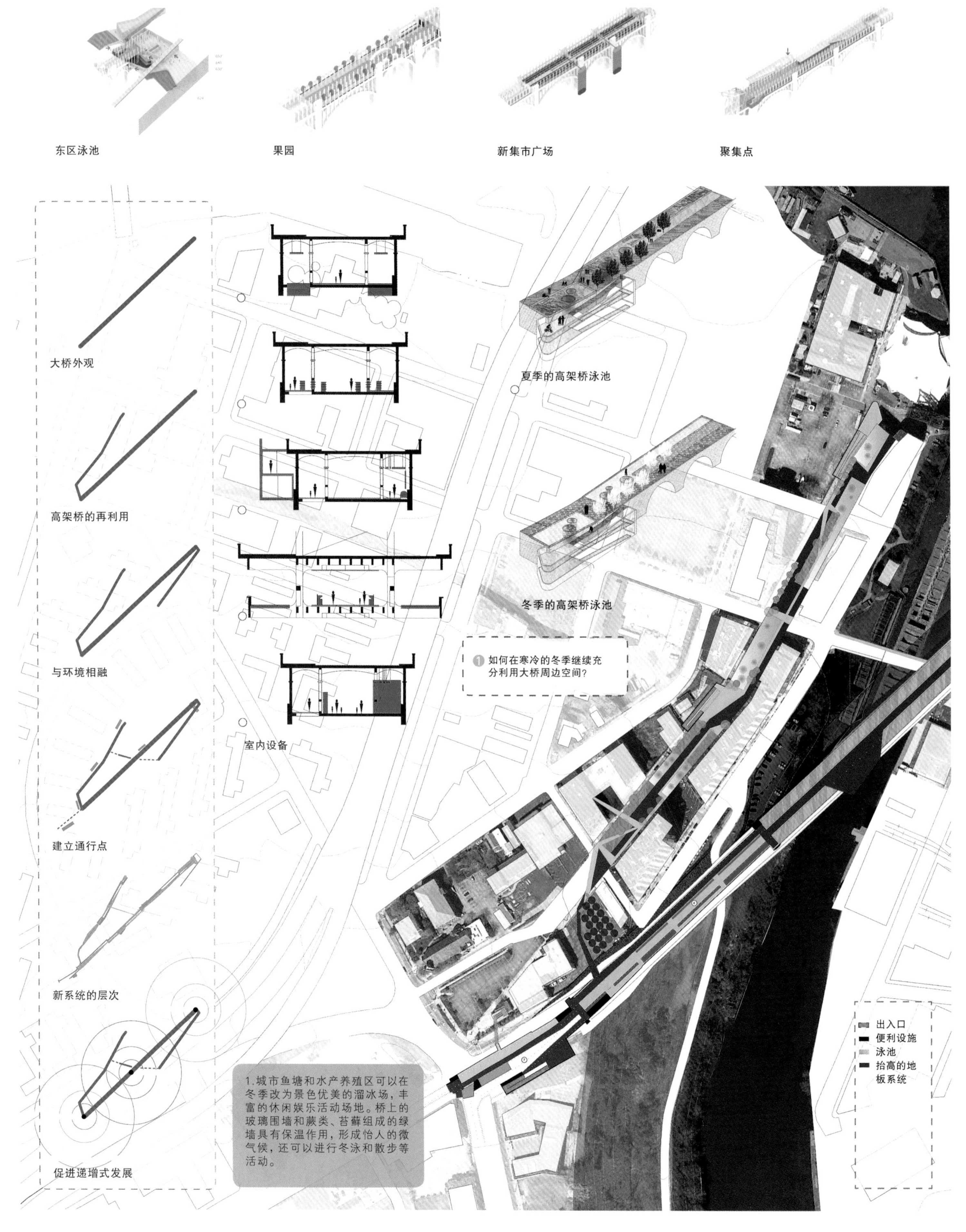
东区泳池
果园
新集市广场
聚集点
大桥外观
高架桥的再利用
与环境相融
建立通行点
新系统的层次
促进递增式发展
室内设备
夏季的高架桥泳池
冬季的高架桥泳池
1 如何在寒冷的冬季继续充分利用大桥周边空间?
1.城市鱼塘和水产养殖区可以在冬季改为景色优美的溜冰场，丰富的休闲娱乐活动场地。桥上的玻璃围墙和蕨类、苔藓组成的绿墙具有保温作用，形成怡人的微气候，还可以进行冬泳和散步等活动。
出入口
便利设施
泳池
抬高的地板系统

本方案对底特律–苏必利尔大桥的结构进行了重新构思和彻底的改造，使其变为一个具备多重体验的场所。

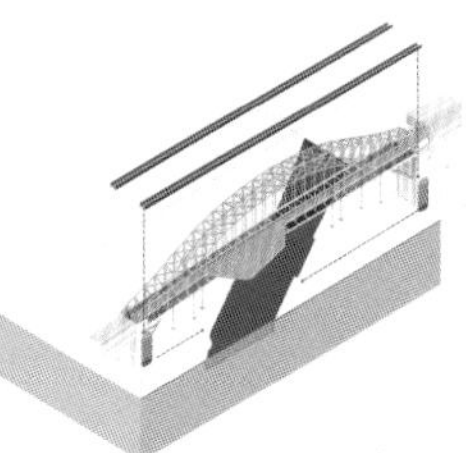
中央跨度

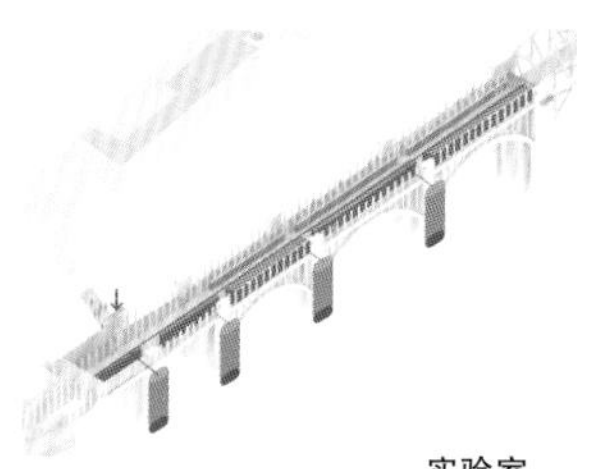
实验室

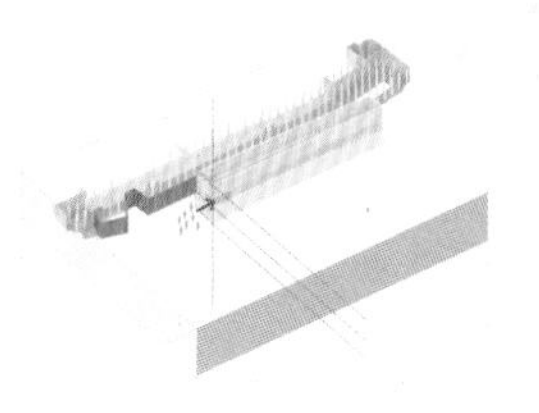
纪念馆

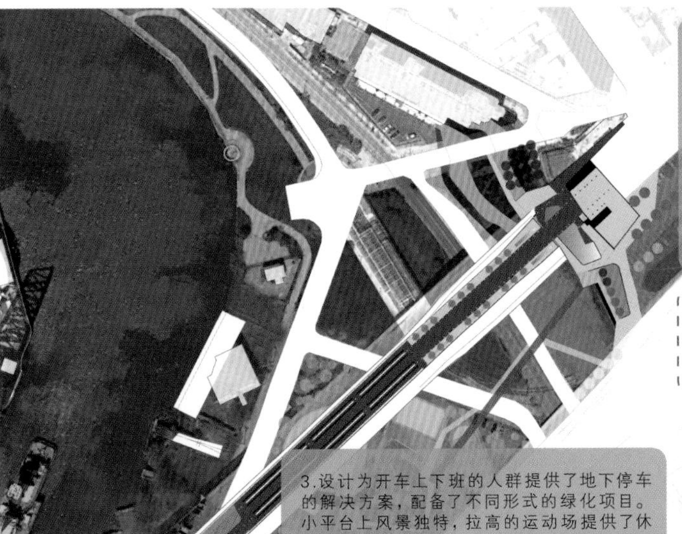

2.水是克利夫兰建立、发展过程中不可或缺的元素，也是经济命脉的重要组成部分，对城市和当地居民都有着深远的影响。未来有必要向公众宣传当地水资源的宝贵，以及各项设计如何对生命之源进行了保护、回收和重新利用。“制高点景观公园”的设计方案将水的内在品质融入克利夫兰当地居民的日常生活，以灵活而统一的设计构成激发人们内心的归属感和自豪感。

② 为什么在这个设计中水如此重要？

3.设计为开车上下班的人群提供了地下停车的解决方案，配备了不同形式的绿化项目。小平台上风景独特，拉高的运动场提供了休闲锻炼空间。通过加大容量和密集度，可以将眼下相对空旷的街区建设成为可持续发展的混合式小区。这种设计形式方便复制，为环保小区和绿色基础设施的建设树立一个参考标准。

③ 如果街面空间都被用来发展居民区，人们应在哪里停车？

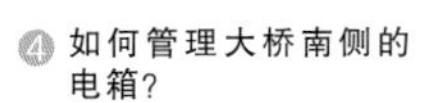

④ 如何管理大桥南侧的电箱？

4.全新的导视装置和重新规划后的指示牌有助于电箱与新展览空间和雨水收集系统之间形成更为明确的关系。

⑤ 大桥下层的新设计如何适应公共或私人活动的需求？

5.新方案中，单向通道将一组房间连接在一起，根据不同活动的具体需要进行调整。模块化的插件系统十分灵活，可以轻松适应大型或小型活动。

6.要完成这项目标，首要任务是建设舒适且富于变化的人行通道。由于大桥下层的通道较为狭窄，设计师选择保留了大桥上层原有的自行车道。自行车库分布在包括所有出入在内的多个地点。其他辅助设施包括大容量的自行车架、喷泉饮水机、淋浴设施和长椅。建成后，大桥，包括风景优美的北侧展望台和斜坡将举办多种多样的活动，入口处的交通也十分便捷。

⑥ 如何满足自行车使用者的需求？

东区泳池

城市东部地区的挖掘工程为增加游泳池、瑜伽馆、社区花园和运动场等公共健康设施创造了机会。

树林

克利夫兰果园标志着活跃东区到新市场的过渡。种植箱提供充足的生长空间，并且构成富有成效的公共景观。

新集市广场

新集市广场内灵活的空间设计适合开展日常的商业、教育、表演和宣传活动，必要时也可以进行适当的扩建。这里能够充分展示克利夫兰当地特色产品、人才和资源。

聚集点

聚集点是多条路径的交叉点，也是人们驻足停留，欣赏风景，释放身心的好去处。

中央跨度

被改造成为艺术和信息长廊的中央跨度带领游客在常年温和宜人的人工微气候内感受凯霍加河美不胜收的景色。设计突出大桥结构，更是保留并展示大桥最初的结构。

实验室

实验室是一个交互式的雨水收集系统，向人们展示令人兴奋的基础设施形式及功能。

纪念馆

纪念馆入口设计延续了底特律–苏必利尔大桥的历史风格。玻璃结构不仅能够保留桥体子结构，也能使地下空间获得更多的光照。

照片、效果图、图纸、模型图和文本：©Ashley Craig, Edna Ledesma and Jessica Zarowitz

First Place (tied)

一等奖（并列）

由纽约Archilier建筑师事务所创作的盛开在设计方案中提出了将楼梯组合纵横交织的构想，形成从地面延伸至大桥下层以及大桥上层拱起的中央跨度的雄伟结构。人行通道向上延伸至大桥顶层，向参观者展示了激动人心的自然美景和城市景观。

人行天桥

这段连续的人行通道起于河岸，向上通过桥体结构，纵览克利夫兰城区和苏必利尔湖的壮丽美景。凯霍加纤道将人行天桥中与五个横向步行桥区域连接在一起。设计师表示：

步行桥

大桥的底盘可分为五个横向区域：

·西通道

特点：黑暗，重混凝土结构，内弯，原有轨电车的“工业/斜脊”。

用途：火车博物馆、艺术画廊和商店。

·西广场

特点：露天混凝土拱，邻近居民区。

用途：小店铺、街心花园、观景平台。

·中央跨度

特点：凯霍加河上，位于原大桥跨度下的水景棱镜。

用途：融合了河景的城市街道景观，适合开展即兴和有计划的演出。

·东广场

特点：露天拱门；跨度超过西广场，且临近市中心。设计师加入了一个狭窄、简约风格的玻璃箱，连接河岸，构成动态平台。

用途：艺术画廊、餐饮场所、社区活动室。

·东区泳池

特点：黑暗而神秘，临近市中心的仓库区域。

用途：夜总会、休闲酒吧。

新自行车道和步行坡道联结上层结构与步行桥，新电梯和楼梯结构将步行桥与河岸连通。

河滨步行区

河滨步行区是东广场下方的一处创新景观设计，包含一个露天剧场、滨江公园、观景平台以及农产品市场，连接定居者公园、凯霍加河以及未来将在河岸上开展的相关建筑。

照片、效果图、图纸、模型图和文本：©Kai Sheng of Archilier Architects

城市连接

底特律-苏必利尔大桥是克利夫兰市中心与俄亥俄城之间不可或缺的城市连接点。其他重要的城市节点与场馆都和这座大桥有着千丝万缕的联系。

绿色连接

底特律-苏必利尔大桥在连接原有绿色节点与新建轨道、自行车道及河岸建设项目中具有重要的作用。这座大桥将成为克利夫兰绿色和可持续发展的象征。

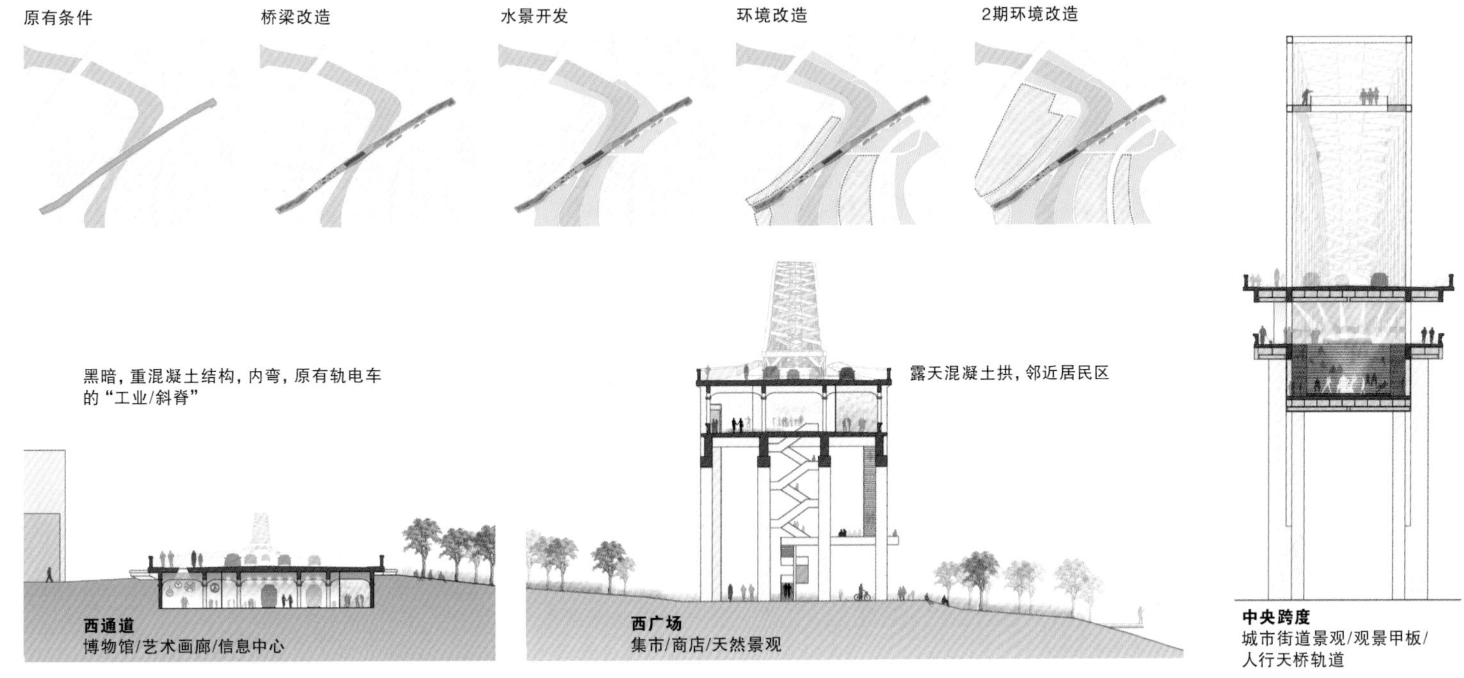

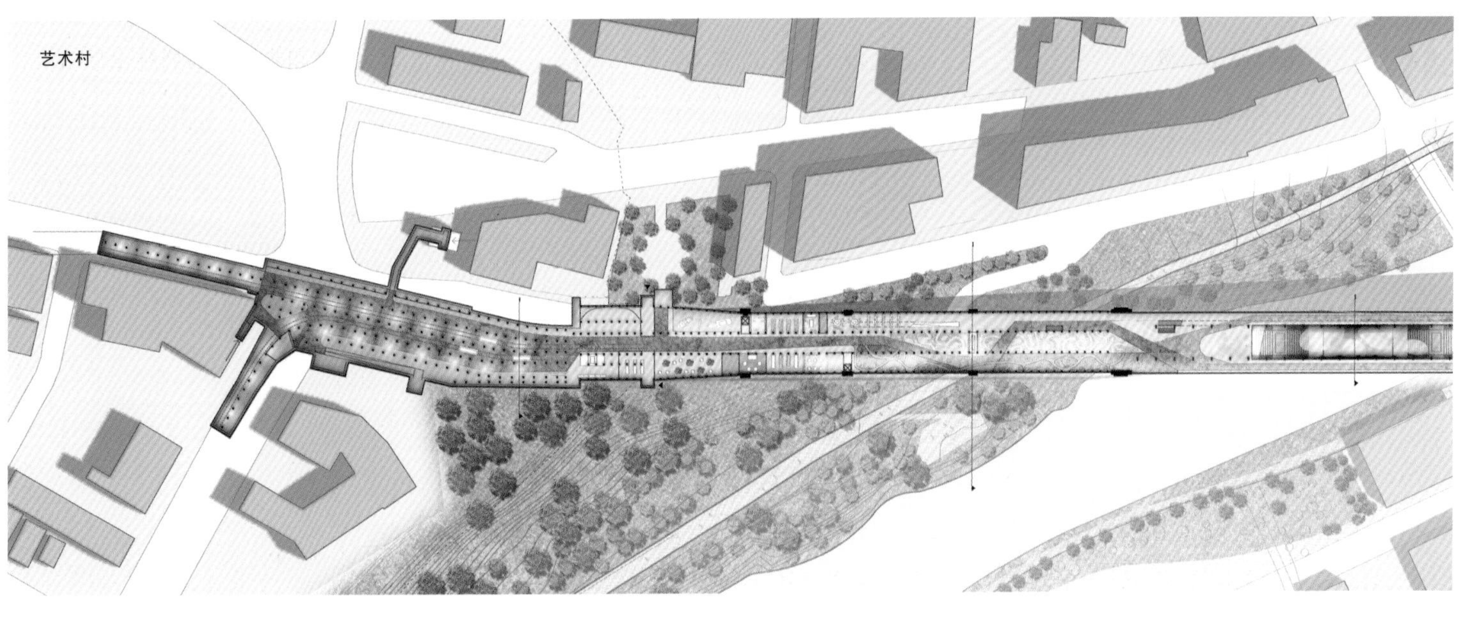

Third Place

三等奖

在这个获得了三等奖的设计方案中，莫克森建筑师事务所提出，通过增加红色钢板地面改造大桥下层结构。新增的地面元素将与原有的混凝土结构形成鲜明反差，对于杂货亭、咖啡店和露天座位也可以起到很好的支撑作用。适合开展体育赛事以及其他类型的活动。对此，设计师者如是说：

“材料方面，整个工程在永久性结构（如人行道和栏杆）中使用了简洁而独特的厚钢板，清楚地体现了在大桥桁架中作为一个新结构的存在感。咖啡馆和售货亭等永久性围墙结构由玻璃构成，依据大桥结构原有深度设计的多个大容量储藏室收纳临时舞台和座位，方便在桥体内部开展体育、艺术和商业类大型活动。”

照片、效果图、图纸、模型图和文本：©Moxon Architects

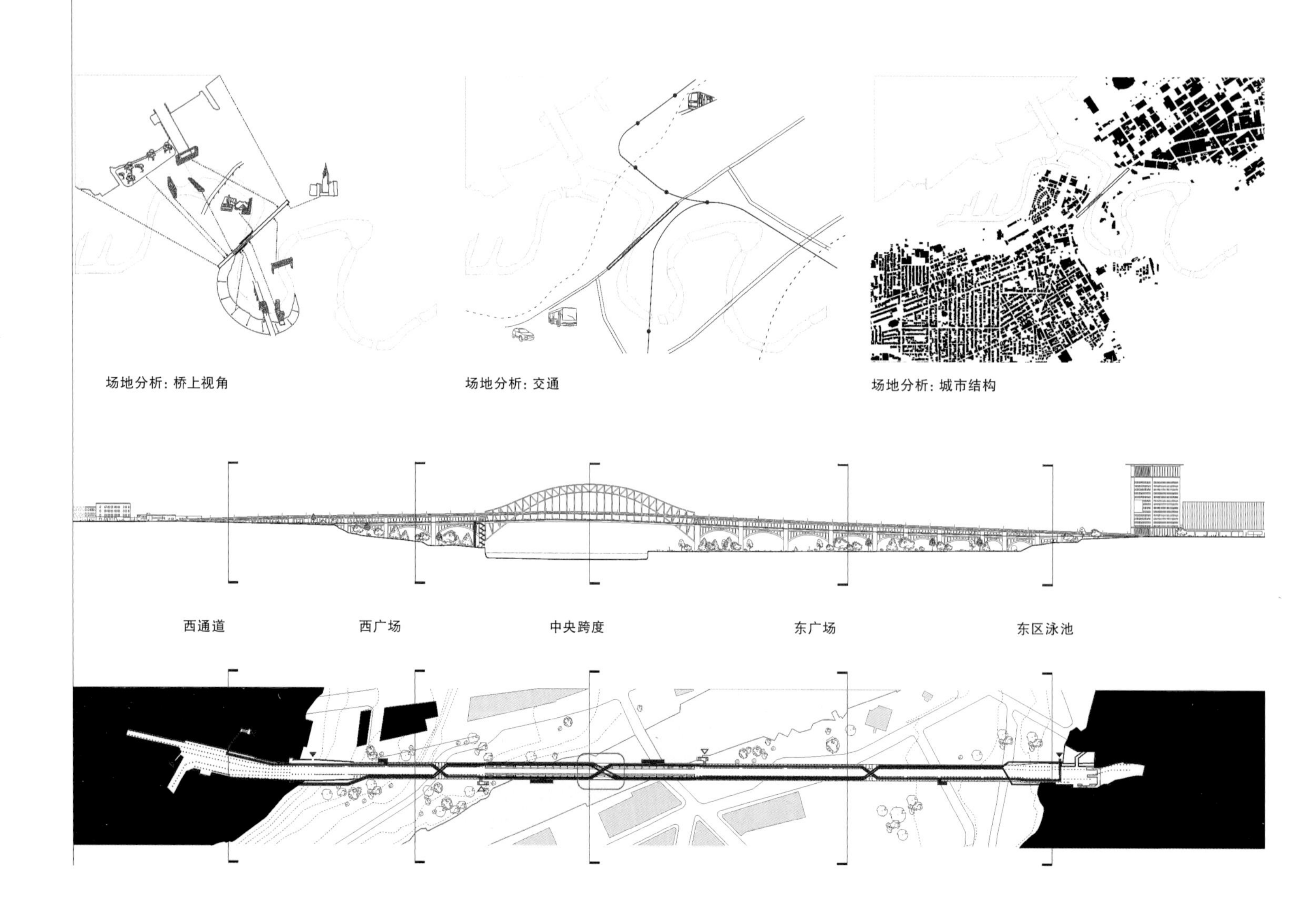

场地分析：桥上视角

场地分析：交通

场地分析：城市结构

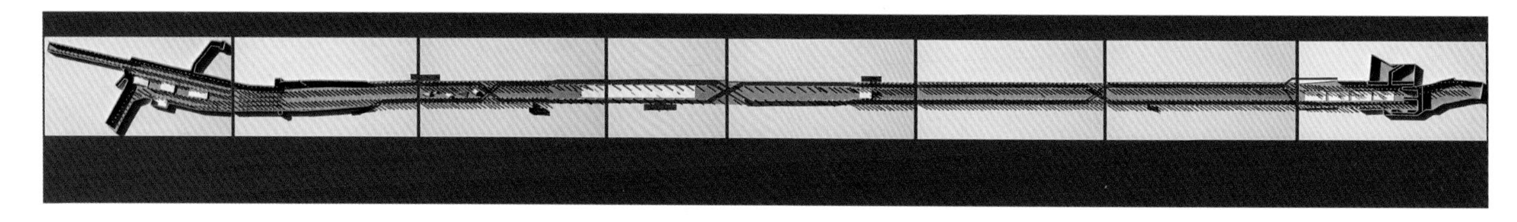

大桥本身具有惊人的空间复杂性，通过合并那些不连续的新交通路线，设计方案既保留、呈现了原有的结构元素，也对沿线的永久和临时设施起到支撑作用。

一些重要位置的设计并未拘泥于大桥本身，以增加额外空间，提供更为独特和壮阔的河景。大桥两端都设有垂直方向的通道，连接大桥上层结构和河岸，提高大桥与城市原有公路的整体连通性。

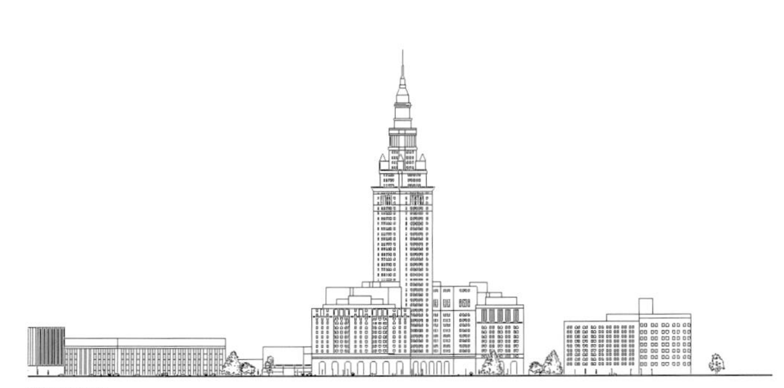

项目研究

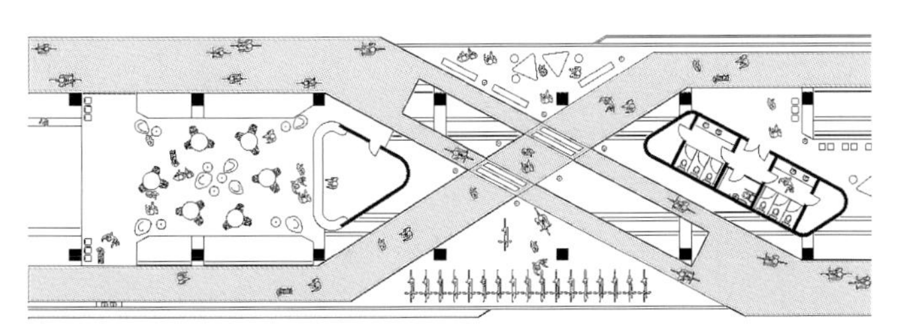

典型天桥平面图

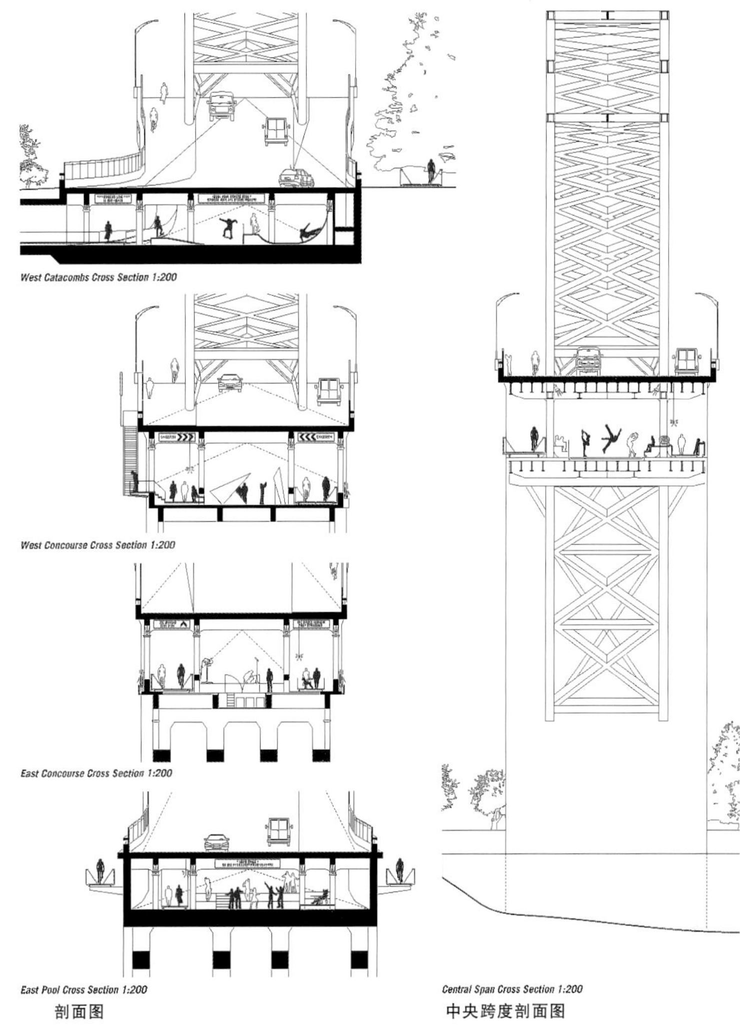

剖面图

中央跨度剖面图

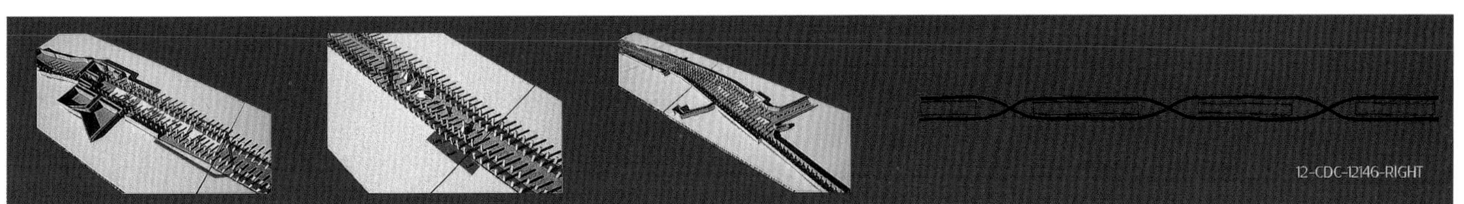

Honorable Mentions

特别奖

劳伦·麦奎森，阿萨德·阿布德，马克·麦奎
美国，华盛顿特区

布兰登·扬，汤玛斯·内斯特，加布里埃尔·费
美国，俄亥俄州，莱克伍德

伊娃·古德龙，马里亚姆·艾赫丹，克洛伊·莱马里，巴普蒂斯特·马内 法国，巴黎

娜迪亚·科布特，阿纳斯塔西娅·魏因贝格
俄罗斯

科罗思邦建筑师事务所（设计公司/团队）
宾克·莱因哈特，安妮-夏洛特·魏克兰德，董浩（音），克里斯蒂娜·波尔多莱兹，迪亚戈·卡罗·塞拉诺，菲利普·格鲁兹卡
中国，北京

乌里兹建筑师股份有限公司（设计公司/团队），古德龙·乌里兹
德国，柏林

丹妮尔·拉克斯，约书亚·格雷厄姆，郑颖（音），袁媛（音）
美国，纽约，锡拉丘兹

EDGE/ucation水滨教育活动馆设计竞赛

斯坦利·科利尔（*Stanley Collyer*）/撰文

纽约东河湾上的升级建设

An Upgrade for the East River Shoreline

纽约重建计划工作组近期公布了水滨教育活动馆的竞赛结果，BSC建筑设计公司拔得头筹。

这次竞赛要求设计师在谢尔曼溪公园上建造一个先进、能防洪水的室外休闲、科普中心。配合着环保的设计和布局，以及适合当地状况的多孔建筑材料，BSC建筑设计公司的设计方案为这片平原规划出一个防水的观景与教学平台。

纽约重建计划工作组的教育家将通过互动的课程安排，鼓励青少年探索当地的丰富生态环境。教育馆将增加人们与水文景观的接触和互动，促进环境管理和环境教育，振兴哈莱姆河上曾经繁荣的划船休闲活动。

EDGE/ucation水滨教育活动馆设计竞赛由纽约重建计划工作组主办。纽约重建计划工作组是由贝特·米德勒组建的非盈利性机构，主要致力于促进纽约市资源不足地区的发展。

竞赛发起的主要契机是飓风桑迪对周边地区带来的破坏及影响，因此主办方强调在对抗暴风暴雨等恶劣条件下建筑及配套景观的恢复重建工作，从设计理念到建造手法。更值得一提的是，竞赛主办方不仅对建筑和景观的恢复重建有较高要求，而且要求参赛建筑师考虑到纽约市民在使用过程中的体验感。优胜方案将通过由知名建筑师、生态设计专家、开发商和相关政府人员组成的评审团最终选出。

纽约重建计划工作组发起这次竞赛的一项重要目的是提高谢尔曼溪公园、哈莱姆河岸面对自然环境变化和社会活动的灵活度。

为了充分响应纽约市长布隆伯格先生增加全市弹性基础设施建设的提议，纽约重建计划工作组邀请了八家纽约市本土的新晋建筑设计事务所参与到本次竞赛中来，并最终评选出BSC建筑设计公司、德赛·贾建筑设计公司、UDD设计公司和WORKac建筑事务所分列优胜奖和入围奖。

场馆所在地目前被称为“前船艇俱乐部所在地”，是一个常年被洪水和潮汐冲击的平原地带。

获得优胜的“水岸入口”设计方案将水流视为建筑生命周期的一个重要的组成部分。它位于最新建成的河岸之上，由开放教室和船舶库两个建筑结构所组成。设计师将两个楼体都安排在河边的半岛之上，选址和朝向设计都充分利用了当地的水景资源，并且与哈莱姆河直接连通。

BSC建筑设计公司的负责人蒂姆·巴德表示，“我们决定将大楼建在河流的半岛上，因为这里的土地与水景充分融合，同时能够突出城市与河水的紧密关联。” “开放教室与船库一同构成了城市与河流之间的纽带。”

为了应对洪水和潮汐，开放教室与船库都采用了强化钢板制成的金属外墙，具有抗腐蚀的

从入口处看整个场地

特点，开口设计还有助于建筑排水。

此外，水箱将收集雨水，用于花园灌溉，建筑最低处的岩石花园则能够收集雨水和船舶刷洗留下的废水。

除了防风防雨，优胜方案还为纽约重建计划工作组的教育团队提供了拥抱自然，展开科学实践的机会，例如鸟类观察、沼泽和湿地考察以及相关园艺活动。计划还包括小艇存放区，便于管理日常工作和开展赛艇活动，促进哈莱姆河这一河段的恢复重建。安全的存放区和可排水的户外教室将会抵挡潮水的侵袭。

开放教室的环保特征将与自然环境互相补充并相互作用，以雨水天窗为例。它可以为室内空间提供些许光照，也具有雨量计的功能，还可以用于花园灌溉，方便儿童开展与水有关的试验，进行微生物样本分析。

方案中的“科学湾”是一个非常适合开展教育活动和自然互动的水景课堂，小湾从半岛一直延伸至浮动码头。这里避开了船舶航行轨迹和河水的湍流，适合举办多种活动，包括围网捕捞，野生动植物观察，捕牡蛎和划船指导等。“科学湾”的特点包含：

·长椅形式的百年水位最高点标记

·能够记录水位的最高和最低点的“潮汐镜子”

·为通道和室内照明提供电力支持的光伏太阳能板日光花园

水滨教育活动馆设计方案中的建筑和景观和谐共存，非常适合开展划船、娱乐和自然与科学探索等一系列活动。项目经费预计在100万美元左右，出于综合考虑，完成后的项目将有力地振兴当地已经缺乏多年的水景文化产业。

纽约重建计划工作组执行官艾米·弗莱塔格在评论方案时谈到，“我们非常欣慰地看到方案建筑在防风防雨设计上凸显出的创意，BSC建筑设计公司基于恢复重建而提出处理滨水地区的方案，为谢尔曼溪公园周边的居民、学生提供了休闲及学习的场所。”

追溯到十八和十九世纪，船艇俱乐部是哈莱姆河上划船和其他水上运动的一个主要活动场所，截止到二十世纪五十年代时仍是多个船舶俱乐部的所在地。随后的几十年间，这个区域沦为非法垃圾处理场，直到1996年纽约重建计划工作组才得以对其进行干预和彻底的清理整治。成吨的垃圾、淤泥和有毒废物被移除，本土植物被重新种植在河流沿岸。

目前纽约重建计划工作组负责公园的管理维护，其中包括五个风景秀丽的再生果园，樱桃树林，盐水沼泽，儿童学习花园，彼得·杰伊·夏普船库，风景优美的自行车道，淡水池塘等。废弃地块到滨水公园的转变只是开始，教育活动馆的设计和建造将会为下一代纽约市民提供亲身了解自然环境和进一步开发哈莱姆河的机会。

水滨门户

The Winning Design

优胜奖

巴德·史德基伯格·考克斯设计公司（下称BSC建筑设计公司）的设计方案又名“水岸入口”，将两个楼体安排在河边的半岛之上，选址和朝向设计都充分利用了当地的水景资源。与纽约其他新兴的水景建筑不同，这个设计方案模糊了河岸与河流的界限。使河水得以与建筑和景观融为一体，同时鼓励游客通过划船，在浮动船坞上散步，感受湾内多样的生态系统等活动进行深入的探索和互动。

城市环境

处于平均低潮面时的情况

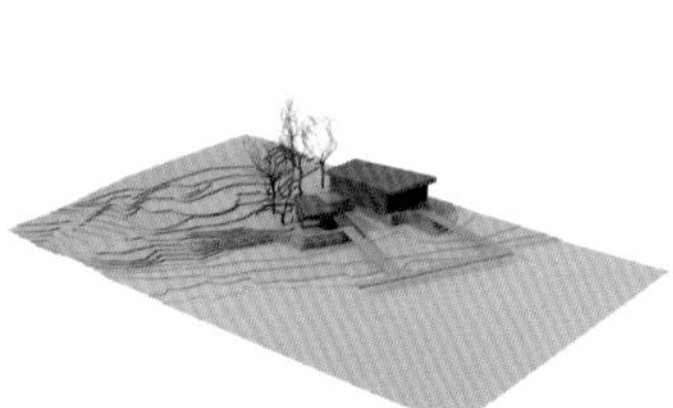
处于平均高潮面时的情况

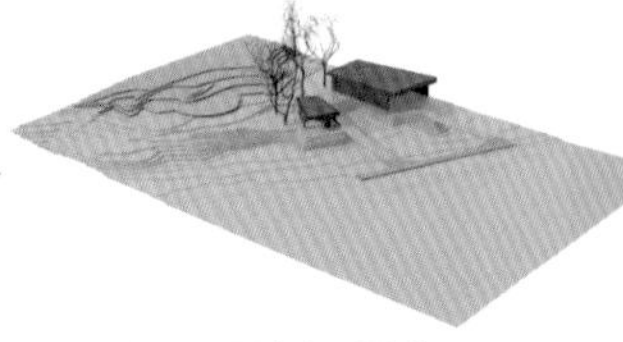
处于百年水位最高点时的情况

照片、效果图、图纸、模型图和文本：© Bade Stageberg Cox

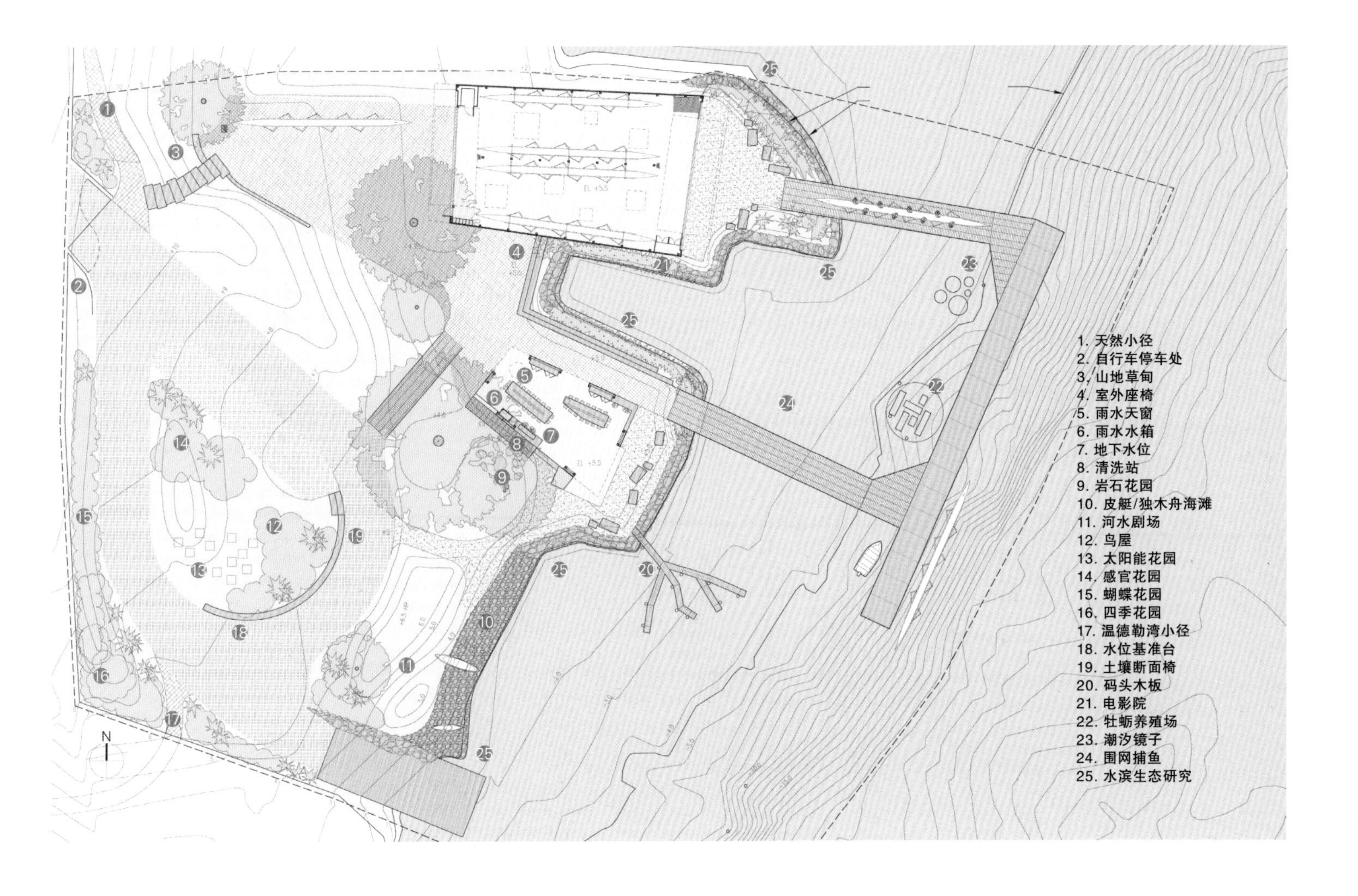

位于布鲁克林的BSC建筑设计公司是一家获得过众多荣誉的建筑设计公司。近期，在纽约重建计划工作组开设的竞赛中，BSC建筑设计公司凭借船库和开放教室的优秀设计力克对手，拔得头筹。

BSC建筑设计公司提出的方案将两个楼体安排在河边的半岛之上，选址和朝向设计都充分利用了当地的水景资源。与纽约其他新兴的水景建筑不同，这个设计方案模糊了河岸与河流的界限。使河水得以与建筑和景观融为一体，同时鼓励游客通过划船，在浮动船坞上散步，感受湾内多样的生态系统等活动进行深入的探索和互动。

城市背景

南邻斯温德勒湾，北向规划中的谢尔曼溪，建成后的新公共公园将成为哈莱姆河沿岸公共开放空间网络中的一个重要组成部分。这一项目可以充分展现弹性建筑的设计理念，就工程规划和城市环境进行有力的反馈和互动。由于竞赛正值纽约滨水建筑工程发展的重要时期，如何满足当地社区的多重需求，同时兼顾环保的重要议题也成了设计中最重视的议题之一。

流通和景观

地势条件使柔和的自然坡地景观与活动区域以及多条连接新建筑和水景的小路交织在一起。回车道可以到达码头和一处公共海滩。整个景观设计注重透水性，使用了多孔材料，吸收水分，有效控制地面径流。

建筑结构

船储建筑和开放式教学楼将采用预制钢结构制成，配合混凝土地面和强化钢板制成的金属外墙。强化钢板的表面会形成保护性氧化膜，具有天然抗腐蚀的特点。除了有助于建筑排水，金属板上还能保留并记录雨水的特征，可以作为当地气候变化的一种记录。

学习的环境

除了防风防雨，建筑设计还为纽约重建计划工作组的教育团队提供了拥抱自然，展开科学实践的机会。开放教室的环保特征将与自然环境互相补充并相互作用，以雨水天窗为例。它可以为室内空间提供些许光照，也具有雨量计的功能，还可以用于花园灌溉，方便儿童开展与水有关的试验，进行微生物样本分析。

BSC建筑设计公司在整个项目中加入了一系列与建筑设计紧密相关的战略性设计，以加深人们对自然环境和当地生态系统的了解。地势会把水流引到仪表处，记录每天、每季度和每年的水流量。百年水位最高点标记将改造成长椅的形式，科学湾的“潮汐镜子”将记录水位的最高和最低点。安装了光伏太阳能板的日光花园将为通道和室内照明提供电力支持，建筑最低处的岩石花园收集雨水和船舶刷洗留下的废水。

建筑和景观是作为一个共享的生态系统来设计的，非常适合划船、娱乐和自然与科学探索活动。

科学湾

“科学湾”是一个适合开展教育活动的水景空间，从半岛一直延伸至浮动码头。这部分河景构成一个

码头景色

开放教室内部

船库内部

安全、有保护的小湾，可以举办多种多样的活动——围网捕捞，野生动植物观察，捕牡蛎和划船等。

蒂姆·巴德语录

“在哈莱姆河岸上开展建筑工程是对可抵御洪水考验的建筑设计的一个重要尝试。”

“我们决定将大楼建在河流的半岛上，因为这里的土地与水景充分融合，同时能够突出城市与河水的紧密关联。”

“开放教室与船库一同构成了城市与河流之间的纽带。”

“我们将哈莱姆河上两条通道和一个码头组成室外的水景空间称为科学湾，它将成为一个适宜开展多种公共活动的新型开放空间。”

场地入口
船舶准备区坡度 1:30
旋梯坡度 1:15

船库截面图（百年水位最高点）

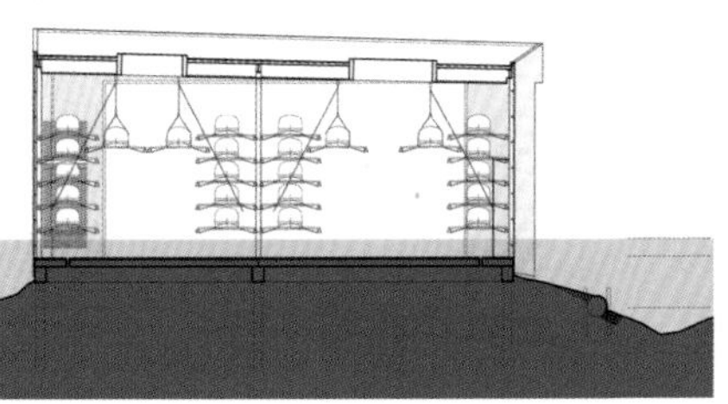

开放教室剖面图

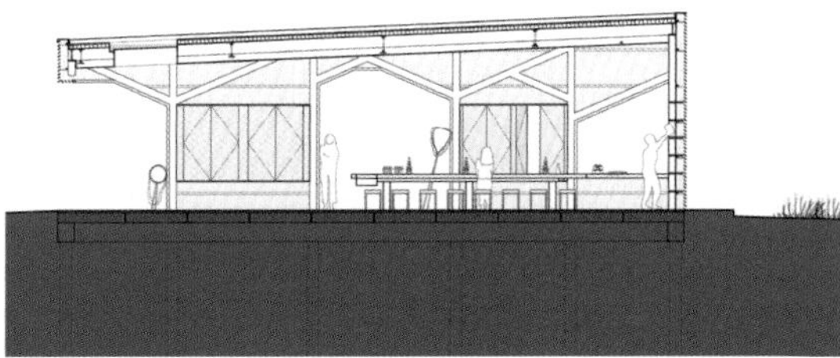

Finalist

入围奖

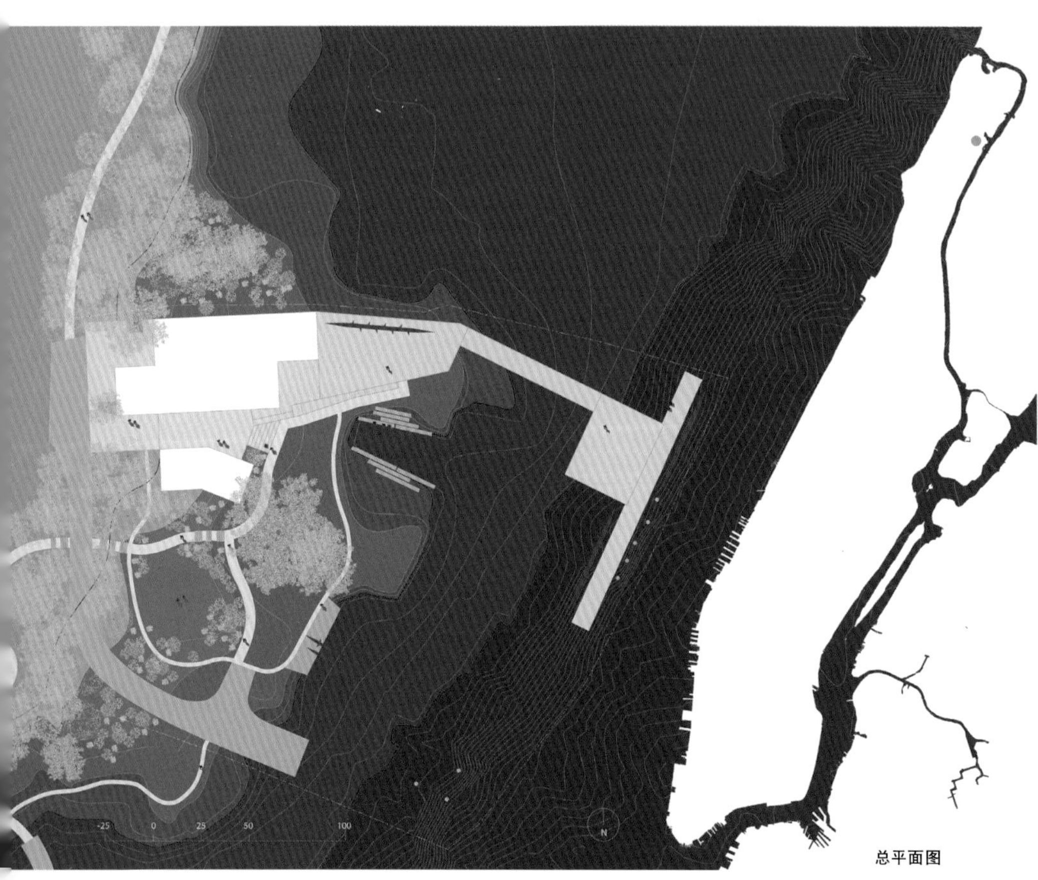

总平面图

德赛·贾建筑设计公司的方案“水实验室”主要包含一个船坞和一个教育活动馆，二者由活动长廊和码头连接。设计师充分利用整个场地，将小型座椅和活动长椅分布在整个景观中，向游客推广波涛花园、盐化草甸和泥场等多种多样的生态环境。

照片、效果图、图纸、模型图和文本：© Desai/Chia

设计方案突出水景特色，将课堂教学与重新改造后的秀丽水景结合在一起。项目选址在哈莱姆河的潮汐区，是曼哈顿为数不多的可以近距离欣赏水景以及天然生态环境的景点之一。设计师要在这里创造出一个将教育与天然潮汐生态系统结合在一起的新型建筑。

起初，设计师认为教育活动馆可以作为独立的建筑行使多项功能。随后这个想法被推翻，取而代之的是将教育行为向外转移到室外进行。设计师根据天然形成的生态区域划分了各种活动的范围，并用DiscoverySCAPE（探索景观）的标识进行导向和指示，鼓励儿童进行自由的探索：这样，整个河湾都成为了学习和探索的大教室。

选址策略

设计师将生态区域做了最大化处理，建筑被安排在场地北侧，河岸保持开放畅通，码头的位置有利于减轻潮汐对河岸的冲击，一定程度上保护那里的潮汐生态系统。公共长廊将教育活动馆和船坞一分为二，直通水景。游客可以在这里饱览秀丽的自然风光。

设计师利用木桩或码头结构将场馆安排在地势较高的位置，让天然的潮汐及河水从建筑下部通过。场馆楼层立面和公共长廊都位于基础洪水线之上。这意味着场馆结构和内部设施将得到保护，免受洪水影响。场馆地面受洪水和漂浮物影响的风险也将控制在最小范围内。

经过设计师的巧妙规划，贯通场地的通道和小路将公路、学校以及斯温德勒湾与水实验室和生态区以及河岸水景连结在一起。这些通道均采用无障碍设计，坡度均小于5度，两处减速带有倾斜度为8度的轮椅通道。设计师将无障碍通行视为设计中的一个重要标准，以确保社会各界人士都能在这里畅通无阻，充分地参与到各项活动中去。船只在船库、下水处和皮艇沙滩都可以自由通行。

设计对适合开展NYRP教育活动的多个潮汐生态区进行了修复和保护。生态系统的总体规划为许多遗留多年的复杂问题提供了解决方案，设计师也希望这个方案能为类似的项目提供指导和参考。

船库和教育活动馆由一条走廊相连接，这条走廊既是连接水路的公共通道，也是水实验室的延伸。未来这里会开展一系列的活动——种植实验、活动桌、用来清理并观察水生物种的试验台以及一组雨水收集池。每个生态区内都可以看到探索景观的标识。

各个生态区的分布遵循自然环境下潮汐生态栖息地的分布特点。场地和建筑设计都对潮汐和洪水的影响有着一定的抵抗力。

这样的设计提供了教育的多重可能性。教育活动馆可以容纳以两个小组或一个大组为单位的教学活动，露天看台有充足的空间，可以容纳35名儿童。高处的看台则能够俯视整个河滨生态系统。雨水收集箱能够容纳2800加仑雨水，可用于实验或灌溉。

船坞内部设计以高效的储存空间为主。外墙为金属网状结构，为室内提供充足的光照和良好的通风。木质地面便于排水。除了光照与通风的考量，开放式的外墙设计还便于在极端气候中减少对建筑结构的损害。教育活动馆和活动长廊之间由坡道连接。

建筑设计纳入了一系列弹性、环保的设计理念。经过全面的考量，设计师确定了施工方法和廉价、耐用且易于维护的建筑材料。船库和教育活动馆使用了较为简单的建筑技术，利用波状的反光屋顶收集雨水，提供阴凉。

建筑材料和搭配

木桩一头扎进土地，提供坚实的支撑，对整体景观的影响也很小。水流在建筑下方流动，不会淤堵。系统设计耐用、易于维护，且适合项目的具体情况。归根结底，这是一个码头结构。建筑底座和缓冲区周围的石笼可以起到减缓、存留、过滤水流的作用。两个建筑和走廊中使用的再生木甲板都位于基础洪水线之上。

金属网和波纹金属板外墙结实耐用，排水透气性好，且安全坚固。设计师为教学活动特别准备了工具包，安全地固定在外墙及走廊上。钢质屋顶框架和预制金属板屋顶采用的是库存建筑材料，易于安装。反光屋顶利于雨水收集，5个雨水收集箱分布在建筑周围，总储水量为2800加仑。收集到的雨水可以用于船舶清洗，设备清洗，植物灌溉或教学活动。这一设计可以极大地减少对城市供水的需求。

NYRP

NYRP

照片、效果图、图纸、模型图和文本：© Desai/Chia

船库立面图

教育馆立面图

船库和走廊剖面图

Finalist

入围奖

EDGEucation教育活动馆是由城市数据与设计公司（UDD设计公司）提出的设计方案。

这个方案中，教育馆与船舶仓库交叉共存，二者由一条通道相连。当不作为教室和仓库使用时，设计师提出将预制钢桁架结构用来服务集市、风筝节或滨江电影院等备选功能。

照片、效果图、图纸、模型图和文本：©Urban Data and Design

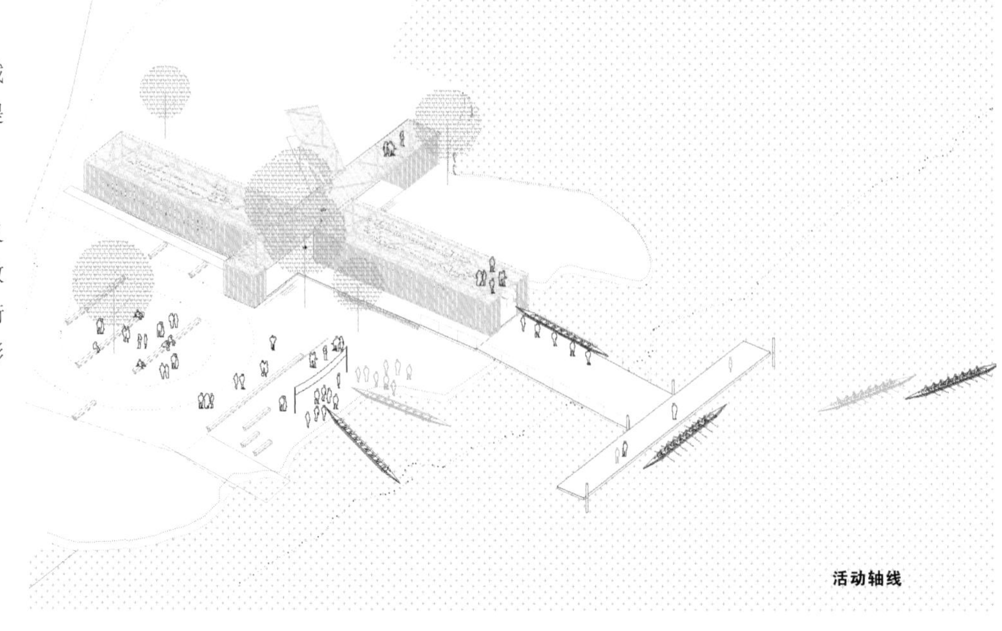

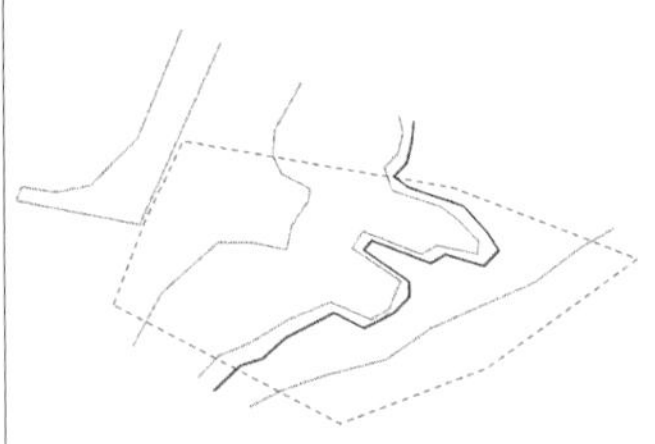

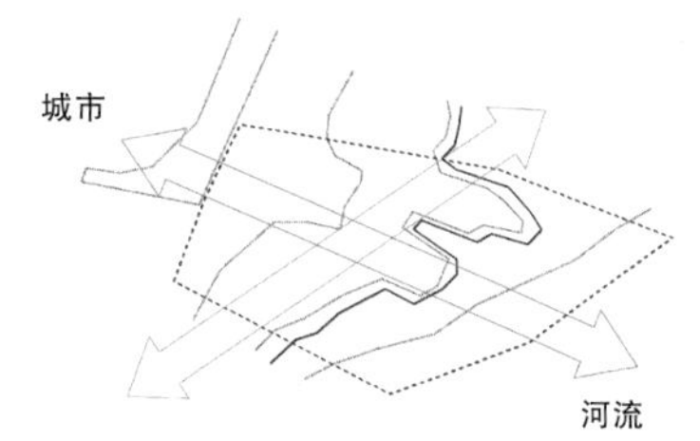

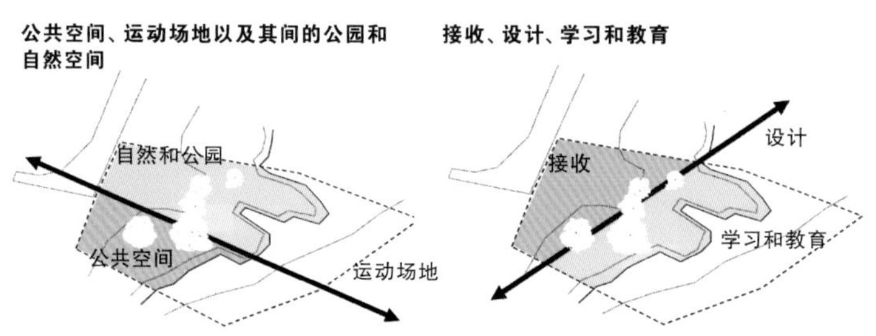

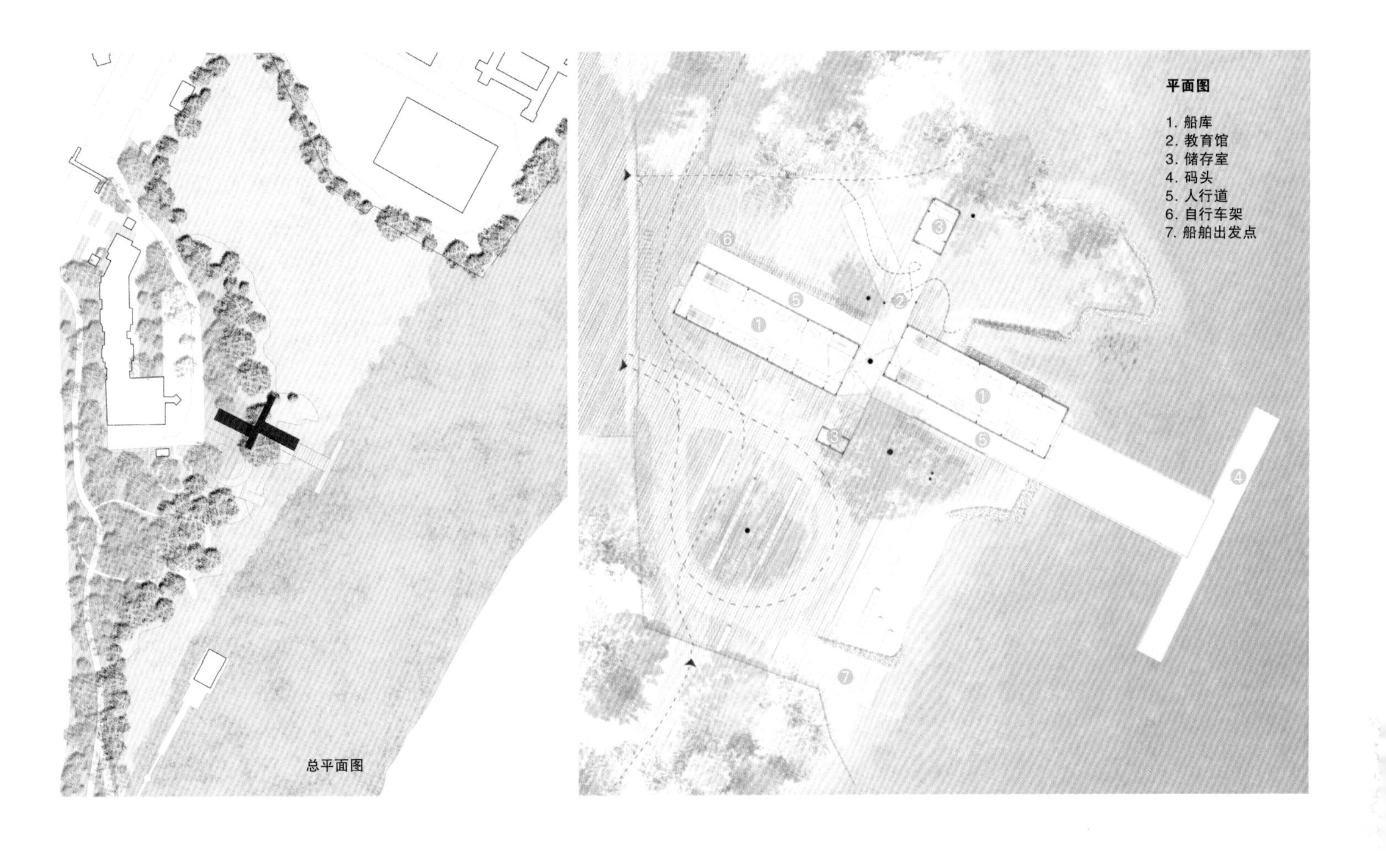
总平面图
平面图
1. 船库
2. 教育馆
3. 储存室
4. 码头
5. 人行道
6. 自行车架
7. 船舶出发点

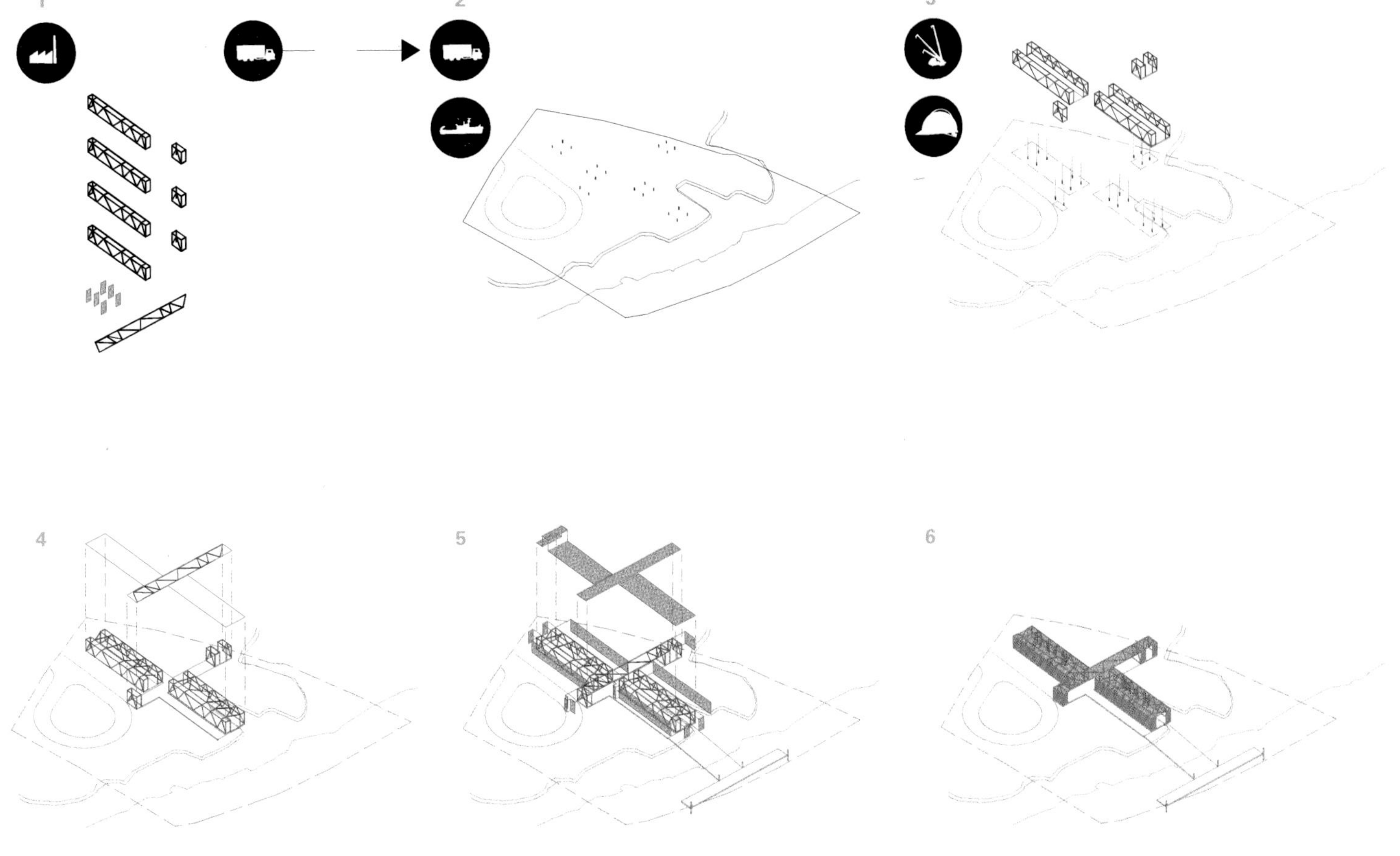
1
2
3
4
5
6

从水上看岸边
从树丛的角度观察场馆（下）

剖面图

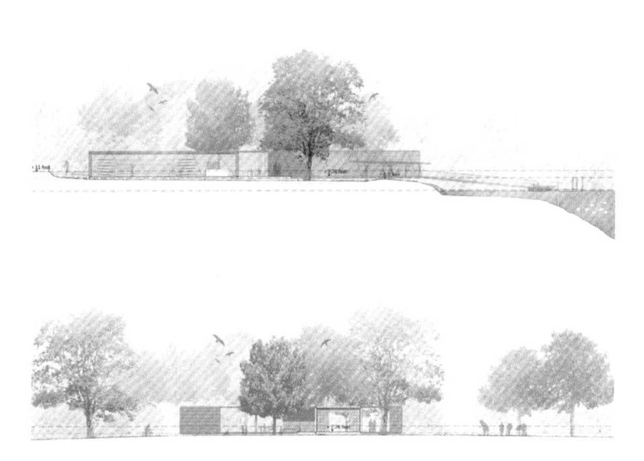

剖面图

Finalist

入围奖

“钻纹龟甲”是由WORKac建筑事务所提出的设计方案。在这一方案中，教学活动空间和船舶储藏空间相邻，屋顶景观中的统一图案取自钻纹龟的甲壳。屋顶设计既起支撑和遮挡作用，也是一种盔甲般的伪装。屋顶之下容纳了潜望镜、渔场和蜂窝，并向建筑外侧延伸，构成开放的形态。

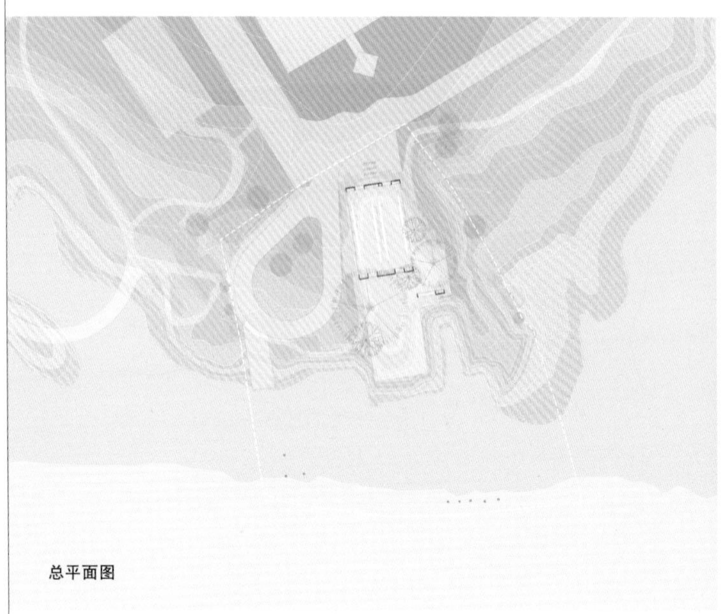
总平面图

紧邻水滨

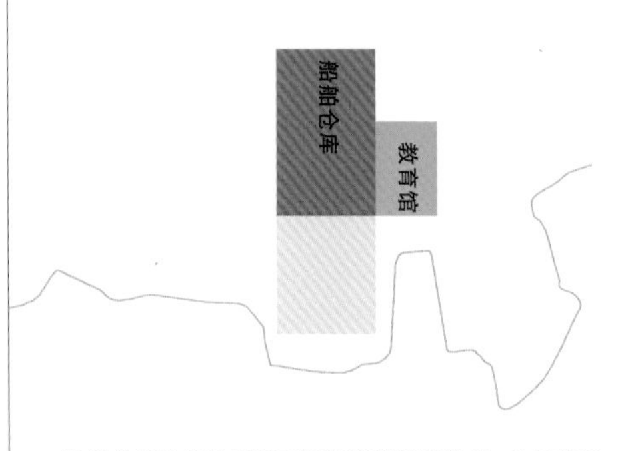

船舶仓库的选址保留了原有的船舶出发点。为了将场馆的体积控制在最小，设计师将教育馆设置在紧挨船舶仓库的位置。此外，教育馆的位置还可以充分利用规划中的湿地区。

保留原有树木

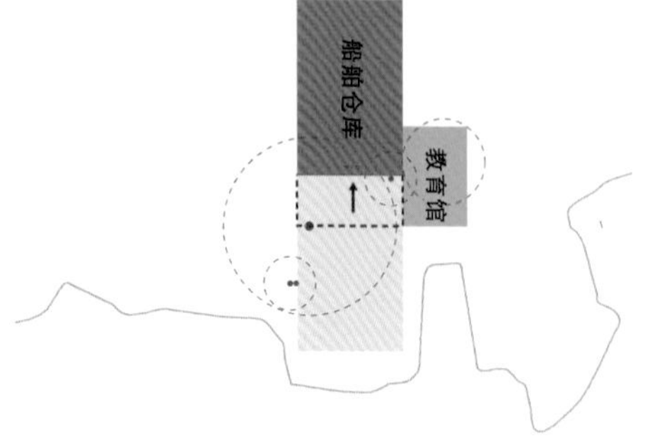

船舶仓库的位置远离水边，使原有树木得以保留，也为船舶准备区提供充足的空间。

完整屋顶设计

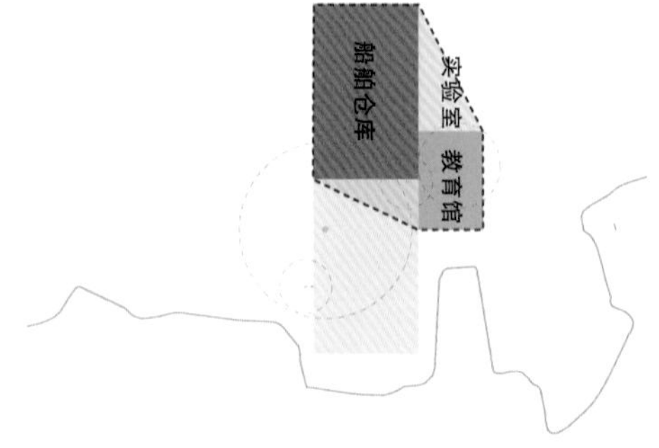

两个主要结构相互连通，形成完整统一的屋顶结构。宽大的屋顶向外延伸，形成屋檐，方便在室外开展活动。

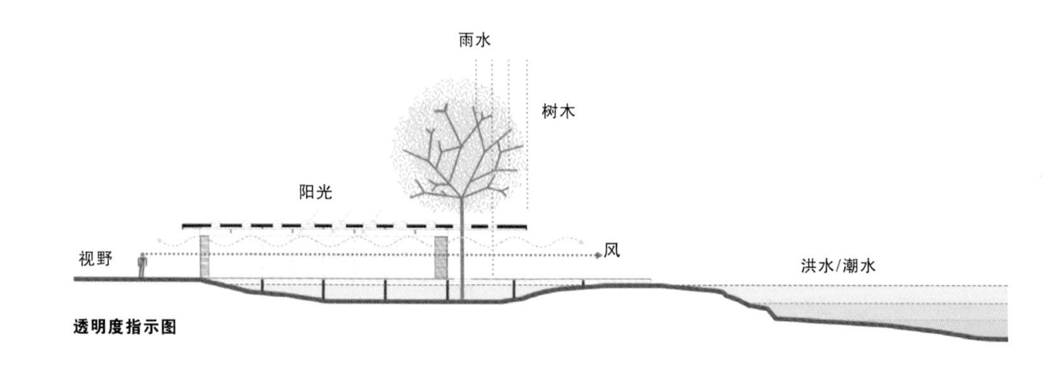

透明度指示图

设计师希望将“钻纹龟甲”建筑打造成“在自然中隐形”的建筑设计经典。设计师战略性地将工程安置在原有建筑之内，最大程度地保留现存的地形和树木。两个主要结构（船舶仓库和教育中心）彼此相邻，且屋顶结构相连。屋顶的“钻纹”图案与周边环境融洽和谐。

建筑的开放式设计具有极大的灵活度。加大建筑表面积并提供不同程度外墙保护的整体设计使“钻纹龟甲”建筑有能力举办多种多样的活动。宽大的屋顶向外延伸，形成屋檐，方便在室外开展活动。此处还包含了一个悬在屋顶的“实验室”，在这里可以找到潜望镜、蜂巢和水培演示等丰富的科学教育内容。

建筑外墙各个表面的选材都要以能够加强建筑的通透性为重要标准。屋顶上分布有多个天窗，以及专门为树木留出的生长空间，该设计很好的将自然融入到建筑中来。胶合叠板梁形成波纹状的图案，模拟水流的律动。存储空间的墙壁和地面都采用了镀锌钢格栅，植物藤蔓可以沿着墙壁攀爬生长，在缝隙中呈现优美的周边景观和当地原有的地势地貌。暴雨和洪水在这里通畅无阻，提高了安全系数。

排水性强的耐磨耐用建筑材料可以经受季节、风暴和潮汐的考验。这些自然的力量可以不受阻碍地通过建筑，使建筑与大自然和谐共存。

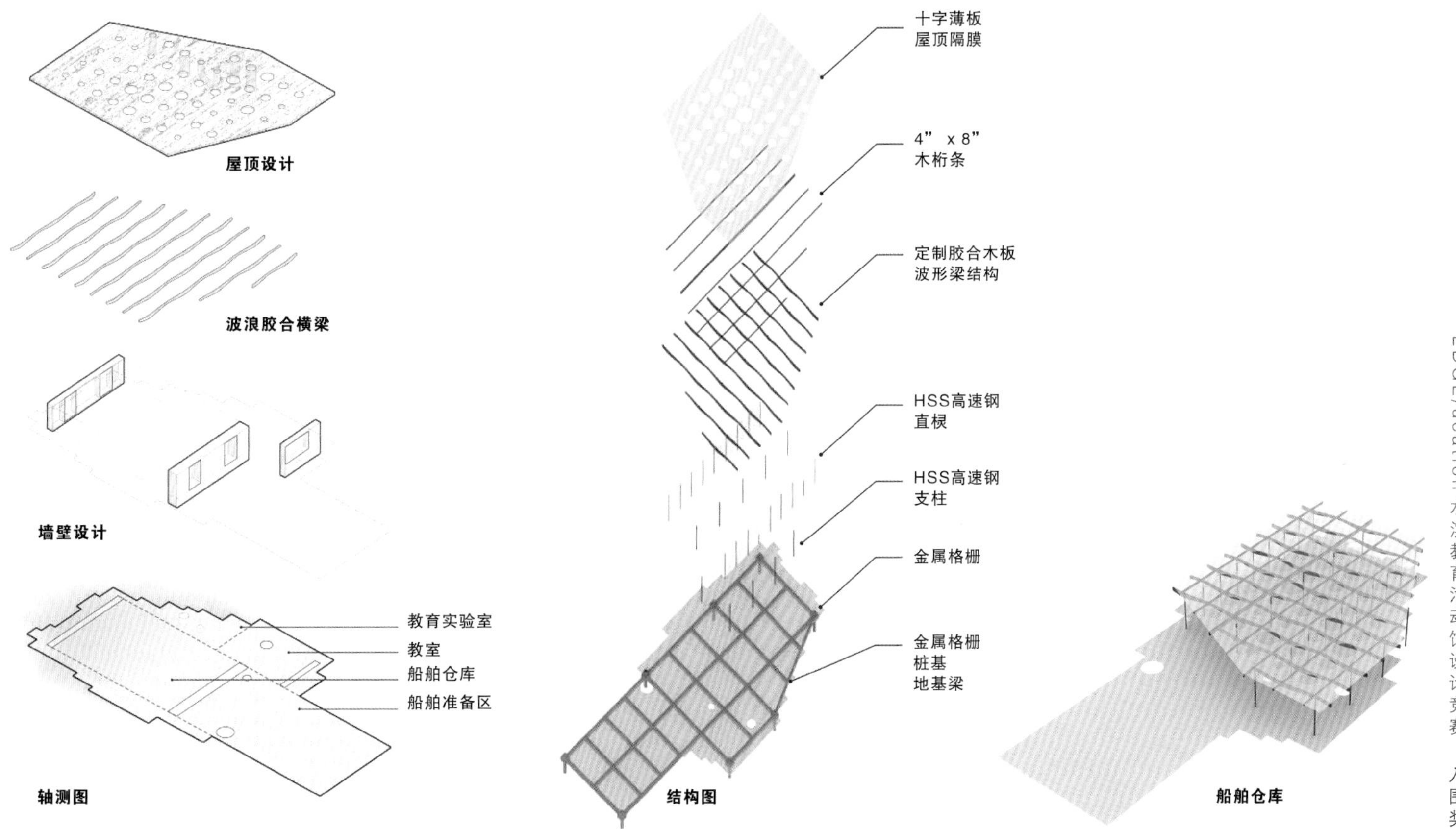

从船舶仓库看EDGEucation教育馆

天然小径

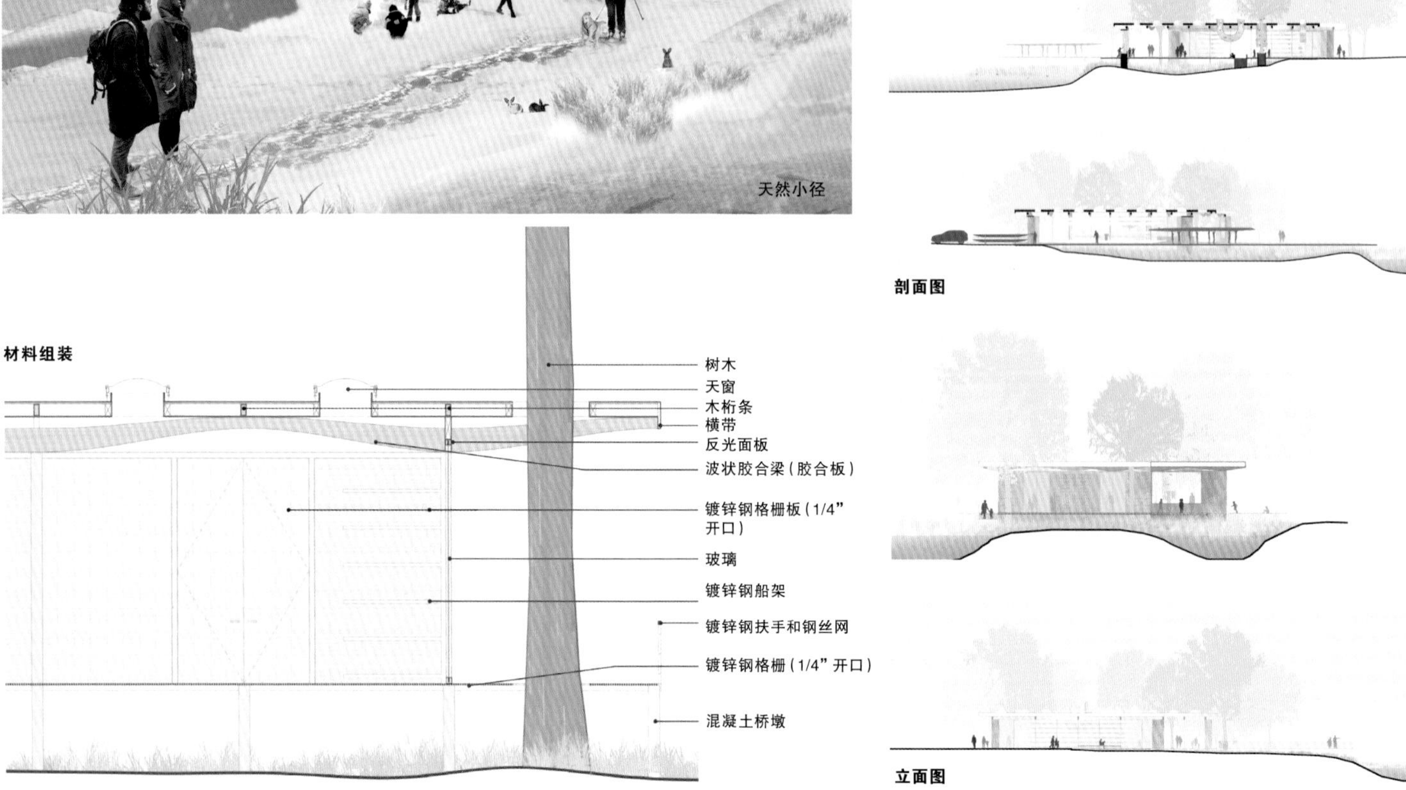

材料组装

剖面图

立面图

实验室

设计师在“钻纹龟甲”方案的共享实验空间内设置了多个悬挂元素。设计师还列举了一系列建议在此开展的科学教育活动，活动内容均可以根据实际课程安排进行修改或定制。

空中花园

潜望镜

渔场

蝴蝶花园

水培演示

观察蜂房

储存空间

水位表

储存空间

新植树木

桌椅

昆虫农场

船舶仓库

照片、效果图、图纸、模型图和文本：© WORKac

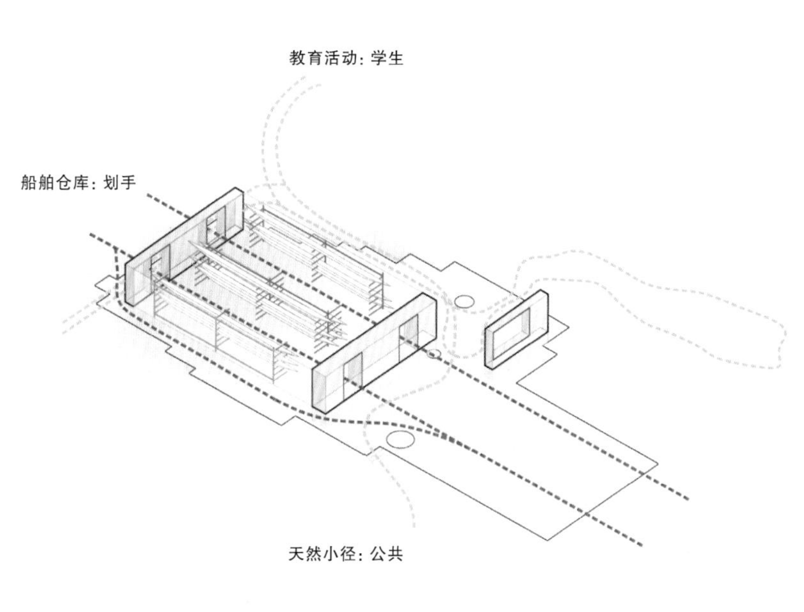

人员流动示意图

金门港水头客运中心国际竞赛

斯坦利·科利尔(*Stanley Collyer*)/撰文

时代的标志

A Sign of the Times

随着时代的改变，在金门岛上建设一个全新客运服务中心的计划证实了建筑对时代的象征作用。

由于临近厦门港，金门自然地成为旅游和商业的繁荣口岸。因此，为了服务海峡两岸日益增加的客流和货流，促进当地旅游业的发展，当地政府意识到了对新客运服务中心的这样一种需求。

新工程占地约5.2公顷，整合附近的水上公园和海滨生态走廊。工程包含以下几个主要部分：通关区域、出发/到达大厅、旅游信息中心、办公室、餐厅、免税商店和其他辅助空间。工程总预算约6200万美元，设计预算为660万美元左右。

据相关预测，金门港水头客运中心一期工程建设将会实现每年3.5亿的客运承载量，二期工程竣工后实现每年5亿的客运承载量。因此竞赛主办方要求客运中心的平面分布应体现出多功能的特征，一期工程建筑面积为3.608万平方米，二期工程扩建面积为6400平方米，共计4.248万平方米。

竞赛主办方对金门港水头客运中心设计提出了明确的设计目标，希望建设一个具有国际级水准的现代化客运中心，从而提升客运服务品质，塑造海运门户新形象。扩大客运市场商机，带动相关投资进驻，开发购物、商务、休闲等周边产业发展，满足旅客及消费者多方面的需求。创造多元且便捷的服务设施，提供优雅舒适的环境与亲水空间，结合当地观光旅游资源。坚持绿色节能设计力能，建立现代化的绿色港口。

竞赛分两个阶段进行，第一阶段向所有注册建筑师开放。第二阶段以4月25日为截止日，由入选的5个设计方案进行最终的角逐。竞赛评审团由以下专家组成：

*青木淳，日本建筑设计师
*强纳森·希尔，英国伦敦巴特雷建筑学院教授
*吕理煌，中国台湾建筑设计师
*马克·罗宾斯，美国雪城大学前教务长，罗马美国学院院长
*施植明，建筑设计师，台湾大学教授
*曾光宗，工程师、建筑设计师，中原大学建筑系主任
*曾梓峰，高雄大学教授

竞赛的最终结果来得有些出人意料。在台湾此前举办过的同类项目的竞赛中，建筑表现作为一种决定性的视觉设计元素非常被重视。但在本次竞赛中，评委们更中意日本设计师石上纯也提出的更为含蓄的方案，突出景观的作用，创造一个公园般的环境。

石上纯也的方案中没有使用垂直的建筑元素，而是选择了水平方向的、景观一样的设计手段。通过三个水平面的延伸与整合，打造与自然融为一体的建筑形式。外观起伏的客运中心以公园的形式构成城市的绿色延伸，而不是一组钢筋水泥那么简单。绿色屋顶还可以极大地提高大楼的能效。

室内规划也是一个主要的问题。免税商店是否应该分散在大厅里？如果选择分散，又是

否会中和了将自然引入室内的努力?

参考近年台湾其他竞赛中的中标设计——尼尔·蒂纳利和赖泽+梅本设计师事务所都凭借前沿的设计方案赢得了台湾的竞赛项目——不得不说获得二等奖的汤姆·威斯康建筑事务所方案也相当精彩。

主结构上方晶莹剔透的小塔与石上纯也设计方案中的小丘只在外形上相近，功能和材质则迥然不同。针对建筑外墙的象征意义，设计师如是说："外墙设计采用了三个各不相同但又互补的图案。这些图案的组合充满变化，让人联想起金门当地独特的斜纹砖砌图案。"而"水晶体"的主要作用则是吸引温暖空气上升，形成空气流通，将新鲜的室外空气引入大楼内部。

绿色节能的理念也在方案中有所体现，自然通风、雨水回收和自然光照。被动式自然通风主要在室外温度适宜的12月到来年3月期间发挥作用。室内的拱形空隙会将室内的暖空气排到室外，并通过感应控制百叶将冷空气置换到室内，遇到大风或降雨天气百叶窗会自动关闭。这样的系统可节约能源消耗，不完全依赖主动式的空调系统置换空气，在炎热潮湿的夏季空调还是必不可少的。雨水收集通过大跨度的建筑接缝网以及屋顶有缝接头雨幕下的排水沟，收集后的雨水将用于周围景观的灌溉，灰水则供建筑物内部使用。

洛肯·奥赫里奇建筑师事务所是本次竞赛中第二支来自洛杉矶的设计团队，他们凭借拉高结构与折叠三角平面分格系统的设计，获得了第三名的佳绩。

这个方案中，创新的系统设计将公园与码头建筑交织在一起。屋顶的金字塔状突出结构使建筑与周边的公园更好地融合在一起。设计师有意地提高建筑的高度，为已经存在的海滨活动保留一定的空间。这里设计师也采用了与获胜方案类似的延展式设计，但不像获胜方案那么激进。设计师称："金门岛已经成为台湾第六大公园、也是第一个以历史保护和文化古迹为主题的大型公园。此案成功的关键在于满足每天数以万计旅客的基本需求，同时维护优雅的水景空间。客运中心将成为金门岛的文化和生态缩影。"

两个特别奖被来自西班牙巴塞罗那的米拉莱斯+塔利亚韦EMBT建筑师事务所/伯纳德塔·塔利亚韦与何赛普·米亚斯·吉弗瑞设计团队摘取。米拉莱斯+塔利亚韦EMBT建筑师事务所的方案入选主要凭借其三层建筑的设计思路，独特的外墙质感也是他们的一个突出特征。吉弗瑞的方案中提出的一组水晶宫一般的玻璃结构令人印象深刻，具有高科技色彩。

First Prize

一等奖

石上纯也合作公司/石上纯也，日本
九典联合建筑师事务所/张清华，中国台湾

纪念碑式的景观，渡轮码头式的公园

设计师计划将这个渡轮码头打造成能够代表金门的地标式结构。首先，设计师开始思考对于生活在21世纪的人们，怎样的地标设计才是与时俱进，因地制宜的。他们认为新时代的地标应该不仅仅是一个吸引眼球的设计，而更应该是一个向所有人开放的绿洲。无论是否长期在这里生活，人们都可以在这里找到舒适与平静。这应该是一个散发魅力的地点，能够像沙漠中的绿洲一样让人们心驰神往。这个渡轮码头设计方案规模宏大，横跨500多米的距离，就像一处美丽的"山脊"。设计师还希望创造出一个丰富的人造生态系统。当人们乘渡轮靠近金山岛时，可以远远地瞥见起伏的小山。距离更近时，会发现整个城市在山脉的缝隙间若隐若现，再近一些，就可以尽情欣赏岛上壮观的景色。来访的人们可以在到达金门岛之前体验到让人难忘的美景。由于山脉与周围的公园相连，人们可以悠闲地在山间漫步，遥望大海和城市，送别乘渡轮离开的友人。

这个渡轮码头设计方案推崇"纪念碑式的景观"，是一个内容丰富的生态系统。同时，也将为当地居民和游人提供休闲会友的场所，是一个"渡轮码头式的公园"。

效果图、图纸和文本：©Junya Ishigami + Associates, Bio Architecture Formosana Architecture

对于来此中转的游人，渡轮码头将起到纪念碑般的作用，人们能在这里感受到视觉张力和多变美景。恬静的公园则是休闲放松的好去处。

三层屋顶的特别设计

渡轮码头是一个三层（局部四层）的建筑结构，每层楼都有较宽的屋檐，为室内创造出大量令人感觉舒适的阴影。根据季节不同而选择性地开窗，可以让清凉的海风进入室内。根据规划在屋顶种植植物，将其打造成秀丽的公园。三层楼的屋顶构成了一个三维立体景观，来访的人们可以自由地散步其中。短向横截面具备传统亚洲建筑的特征，配合宽屋檐，外形与优雅的金门传统屋顶设计相类似。通过外观造型的重复、重叠和逐步调整，建筑整体被改造成一个具有不同形态的景观。

码头就像一座山。不同形状的混凝土结构相对连续，向内形成室内空间，使人联想起翟山坑道。

横截面形式结合传统的宽屋檐构成了这样的舒适环境，它不仅延续了金门的建筑传统，还凭借类似山脉的景观构建了一个独特的地标和公园环境。

从海上观察到的山脉景观立面图

从城市观察到的山脉景观立面图

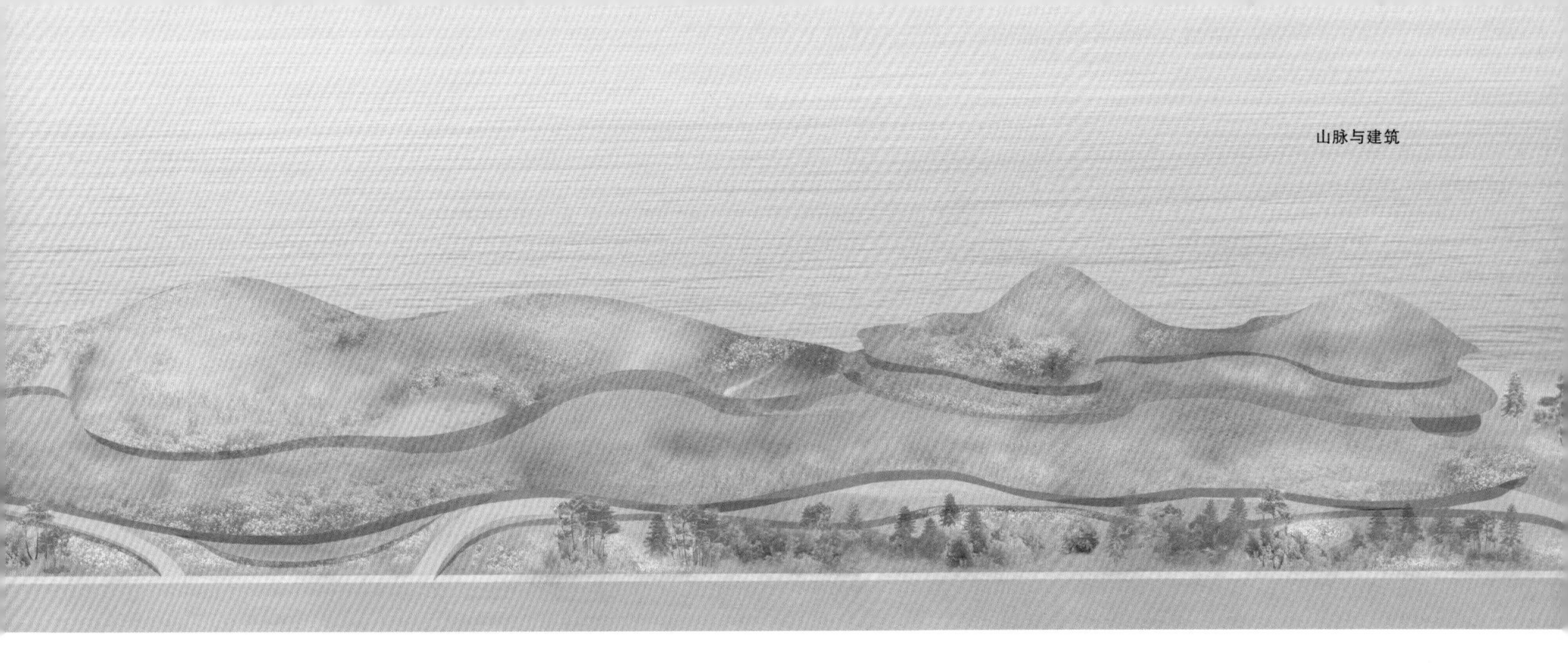

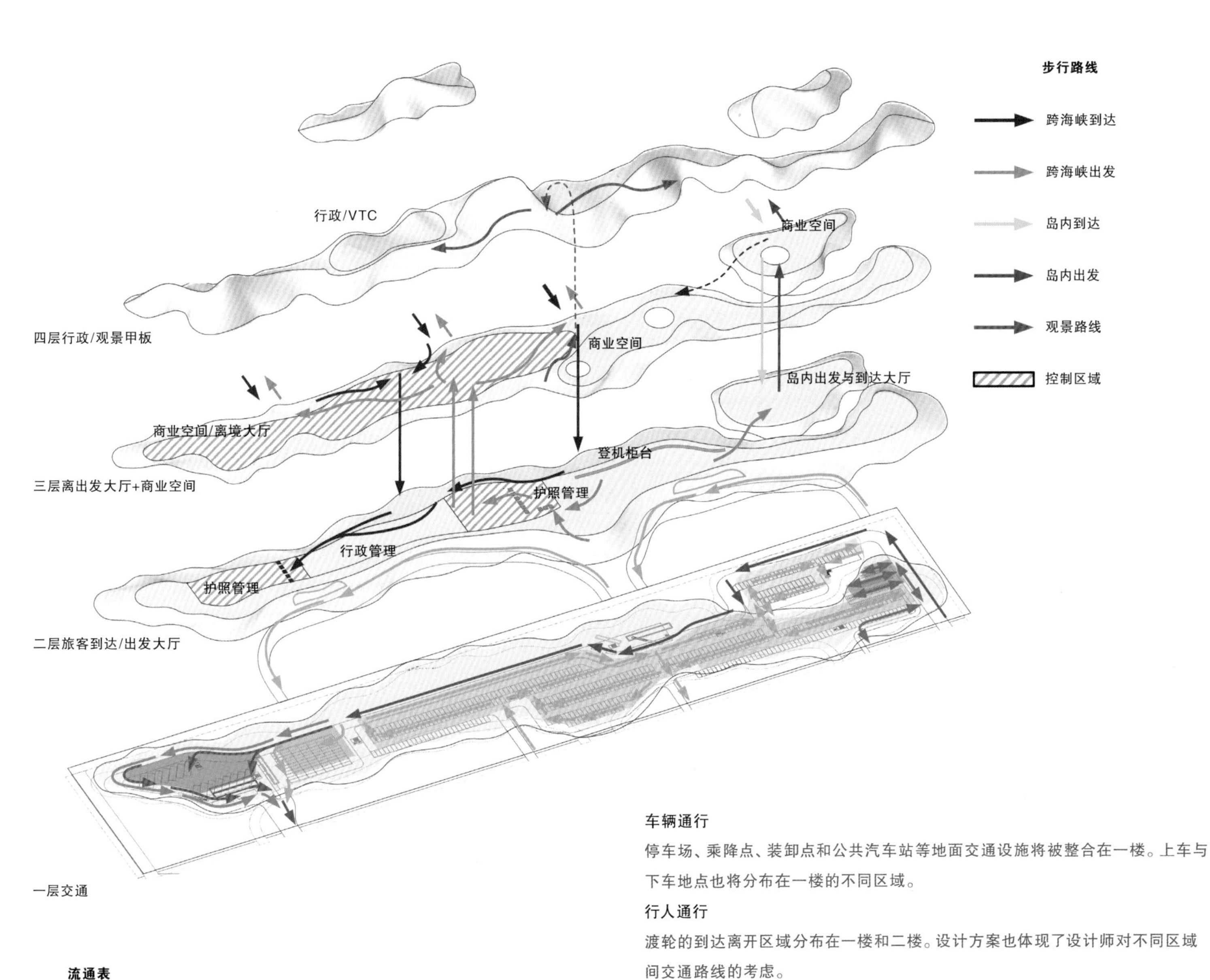

流通表

车辆通行

停车场、乘降点、装卸点和公共汽车站等地面交通设施将被整合在一楼。上车与下车地点也将分布在一楼的不同区域。

行人通行

渡轮的到达离开区域分布在一楼和二楼。设计方案也体现了设计师对不同区域间交通路线的考虑。

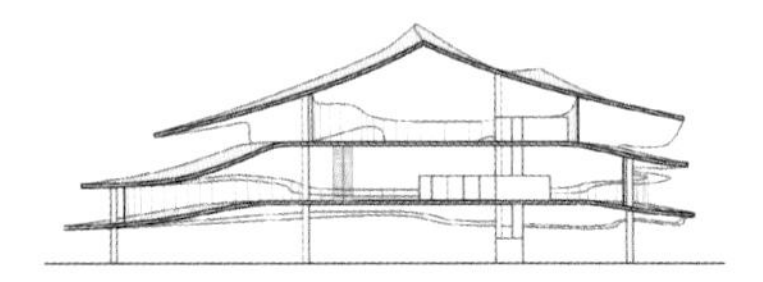

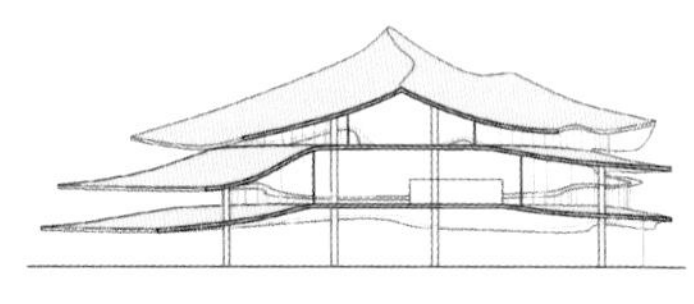

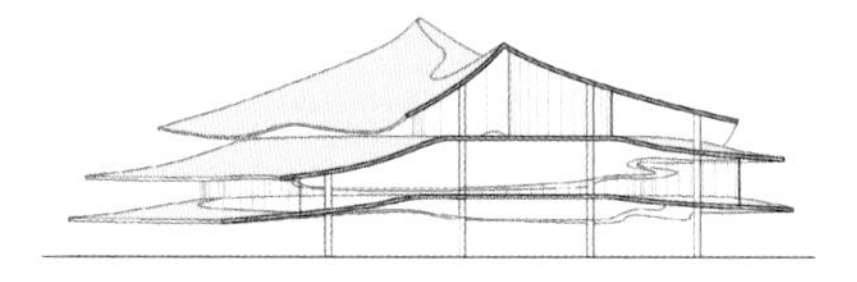

剖面图

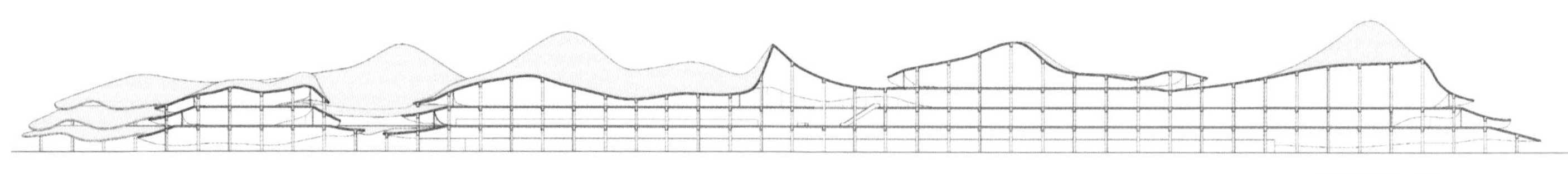

剖面图 D-D'

距离客运码头20米视角

距离客运码头100米视角

立面图

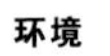

环境

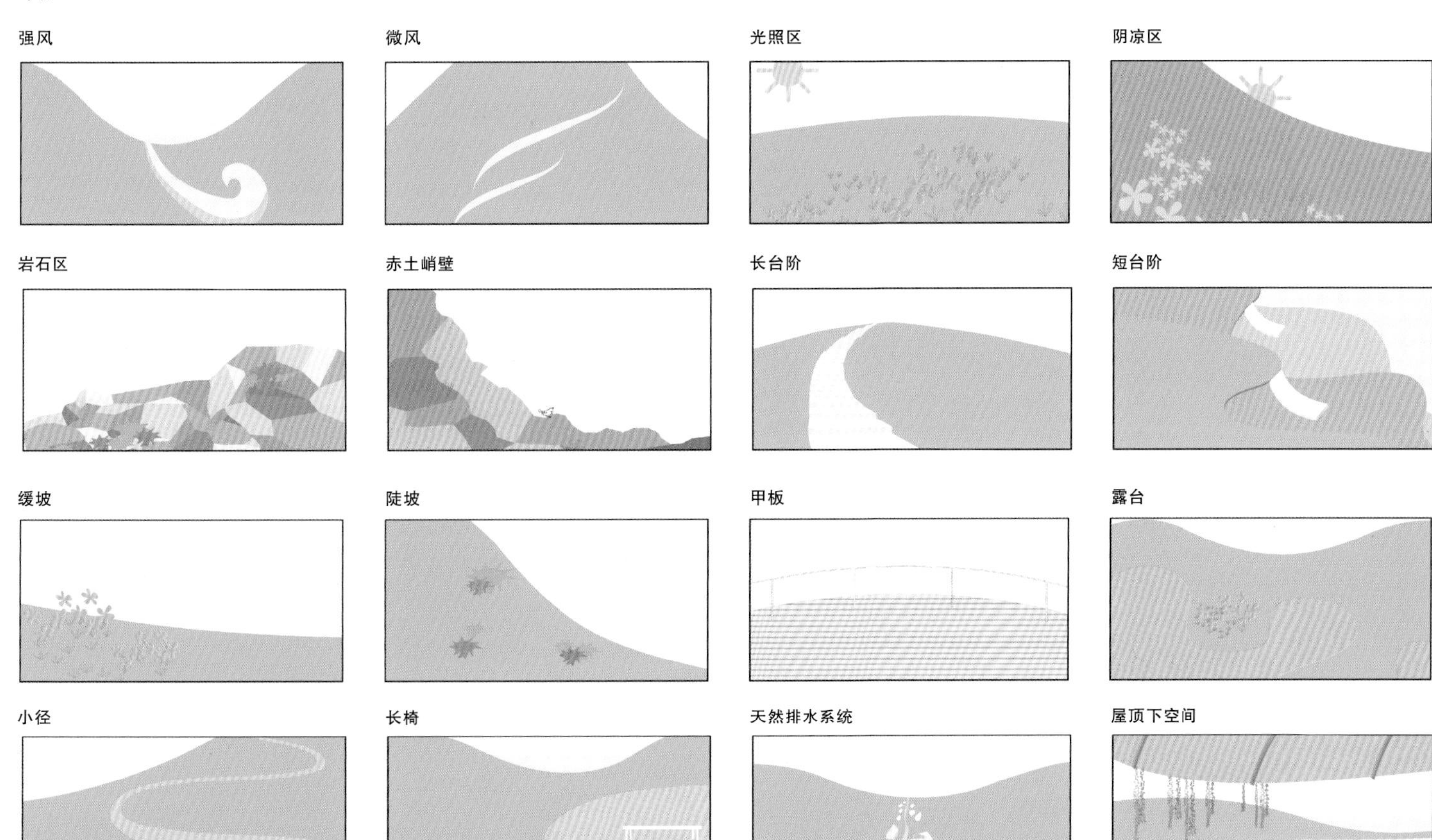
强风
微风
光照区
阴凉区
岩石区
赤土峭壁
长台阶
短台阶
缓坡
陡坡
甲板
露台
小径
长椅
天然排水系统
屋顶下空间

主入口

到达大厅

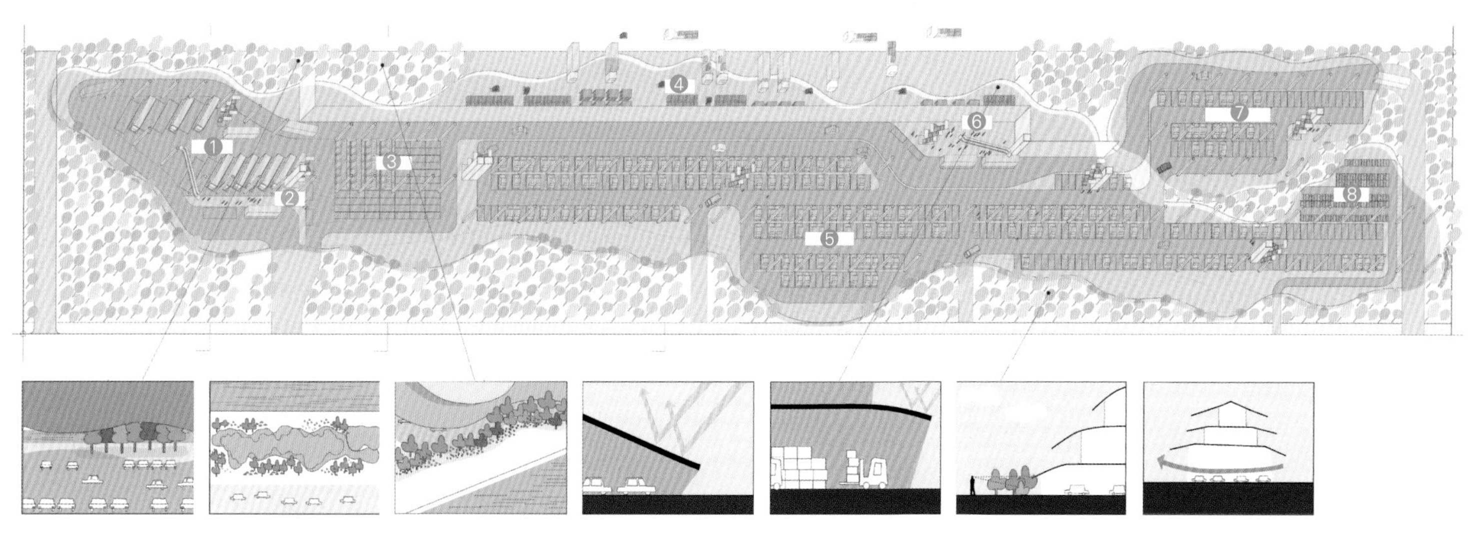

1.长途汽车等候区 2.乘降区 3.出租车停车场 4.工作空间 5.私人停车场 6.乘降区 7.私人停车场扩展项目 8.摩托车停车处

一层停车场

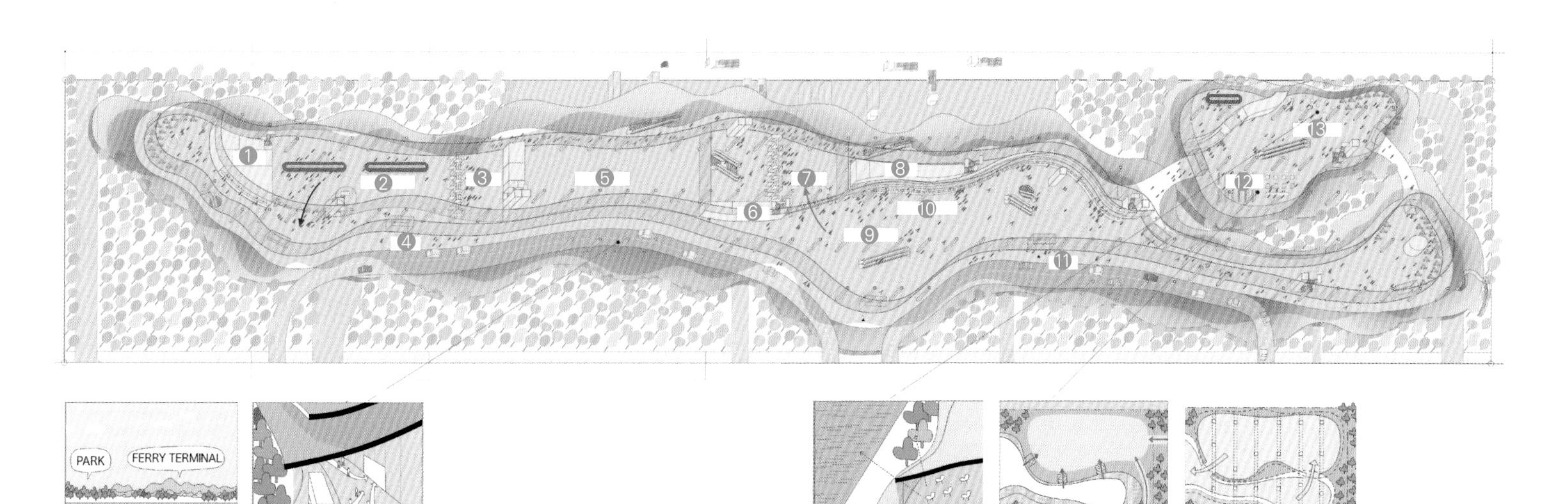

1.服务区域 2.跨海峡行李认领 3.护照管理 4.乘降区 5.海关检疫 6.服务区域 7.护照管理 8.服务区域 9.跨海峡出发 10.跨海峡登机柜台 11.乘降区 12.商业空间 13.出发大厅

二层到达和出发处

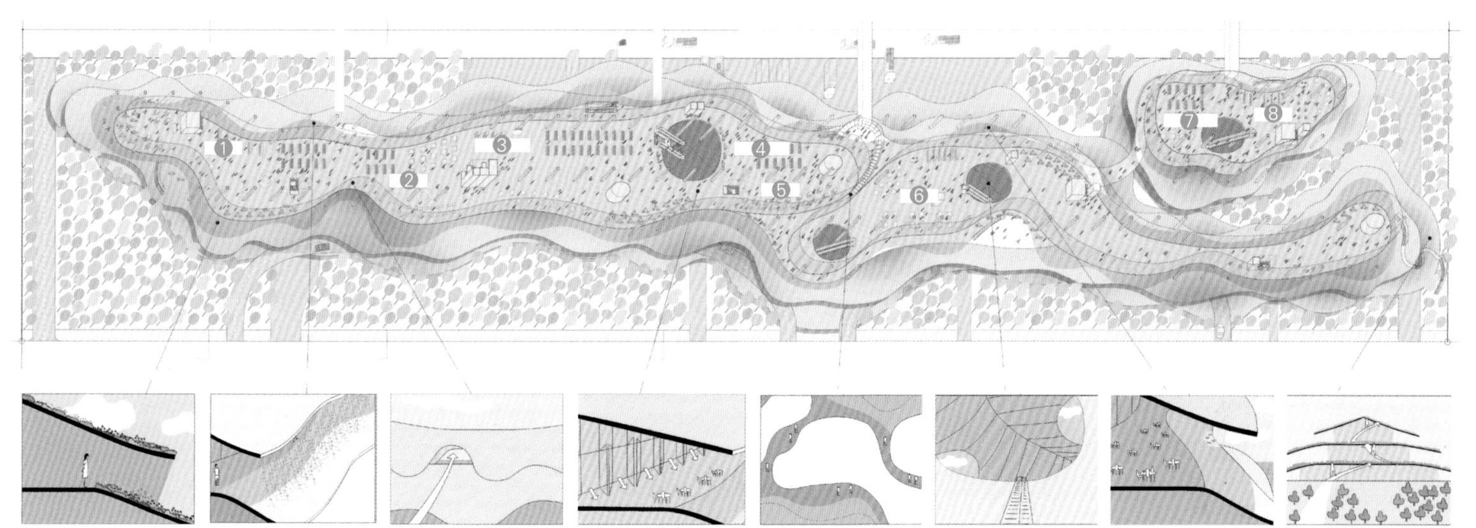

1.商业空间 2.商业空间 3.跨海峡出发大厅 4.跨海峡出发大厅 5.商业空间 6.商业空间 7.出发大厅 8.商业空间

三层的商业空间和办公室

Second Prize

二等奖

汤姆·威斯康建筑事务所/汤姆·威斯康，美国
宗迈建筑师事务所/费宗澄，中国台湾

交织的建筑图案

设计师将金门地区不同材质和图案交错堆叠的建筑传统融入了设计方案。建筑外墙由三个相互干扰但又互相补充的图案构成：在横纹面板上，自由曲线接缝，游走于建筑上的图案。图案的协调性构成了多样化的整体效果，让人想起当地传统的斜条纹砌砖图样，以及当地常见的其他非常规材料的尺寸和应用。整个工程可以看作是对这些传统工艺的现代诠释。

嵌套的结晶量体和断面空间

这个渡轮码头的设计方案以五个不同朝向的晶体为形体基础，将其整合并嵌套在一个水平的盒状结构中。这些晶体向外伸展，形成由水平到垂直，外部轮廓由硬朗到柔软的过渡，从而向人们呈现出统一协调的视觉感受。

室内部分，结晶体空间与宽松外墙之间形成了拱形断面空间。出境大厅容纳了一系列或挤压或宽松的空间变化，旅客身处大厅便能感受到这种令人难忘的空间体验。拱形的间隙空间还提供了“烟囱效应”的功能，暖空气在这里升高，导致室外的新鲜冷空气流入下方的开放空间。这个具有环保特性的自然通风系统能够在秋季到春季期间取代传统空调系统，有效减少建筑的整体能耗。

照片、效果图、图纸、模型图和文本：©Tom Wiscombe Architecture, Inc., FEI & CHENG ASSOCIATES

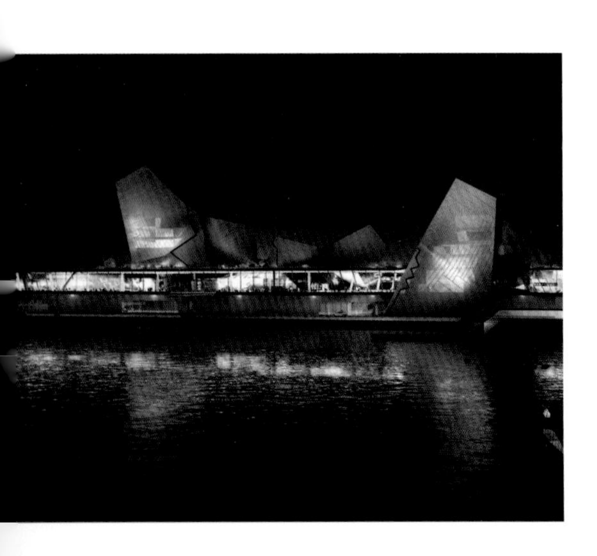

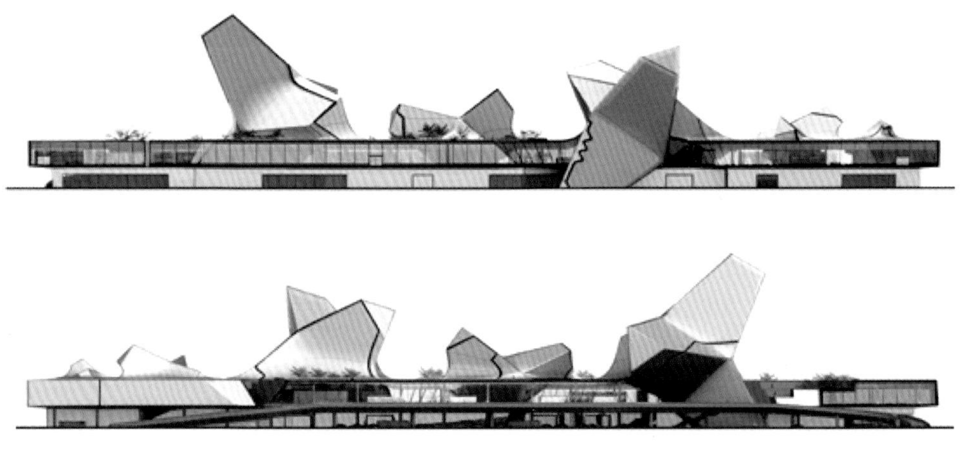

立面图

公共空间
港口工作空间
安全区域/免税区
商业区
行政管理区
设备空间

跨海峡出发旅客
出发旅客
私人车辆/汽车租赁/出租车/摩托车
公交/长途客车

跨海峡到达旅客路线
到达旅客路线
私人车辆/汽车租赁/出租车/摩托车
公交/长途客车

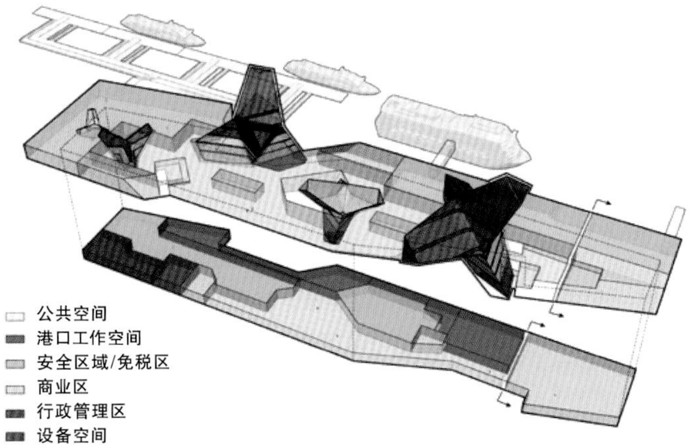

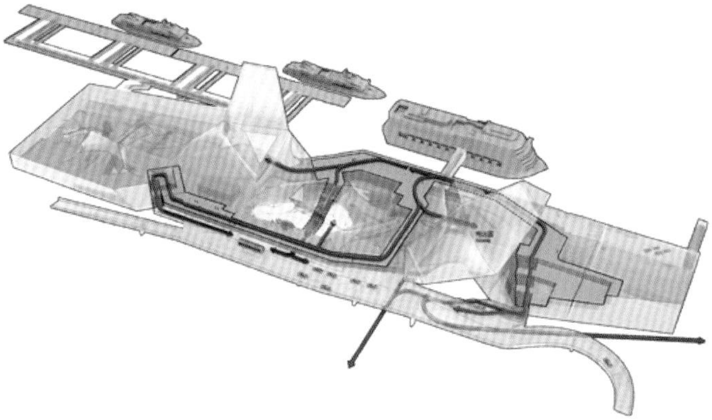

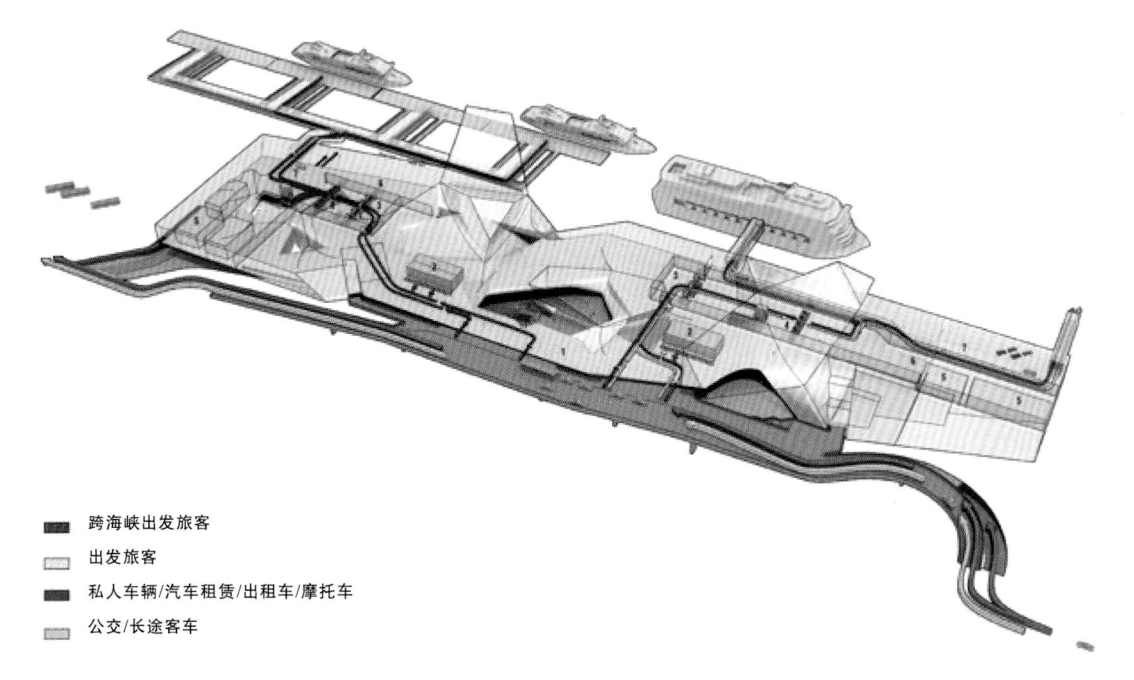

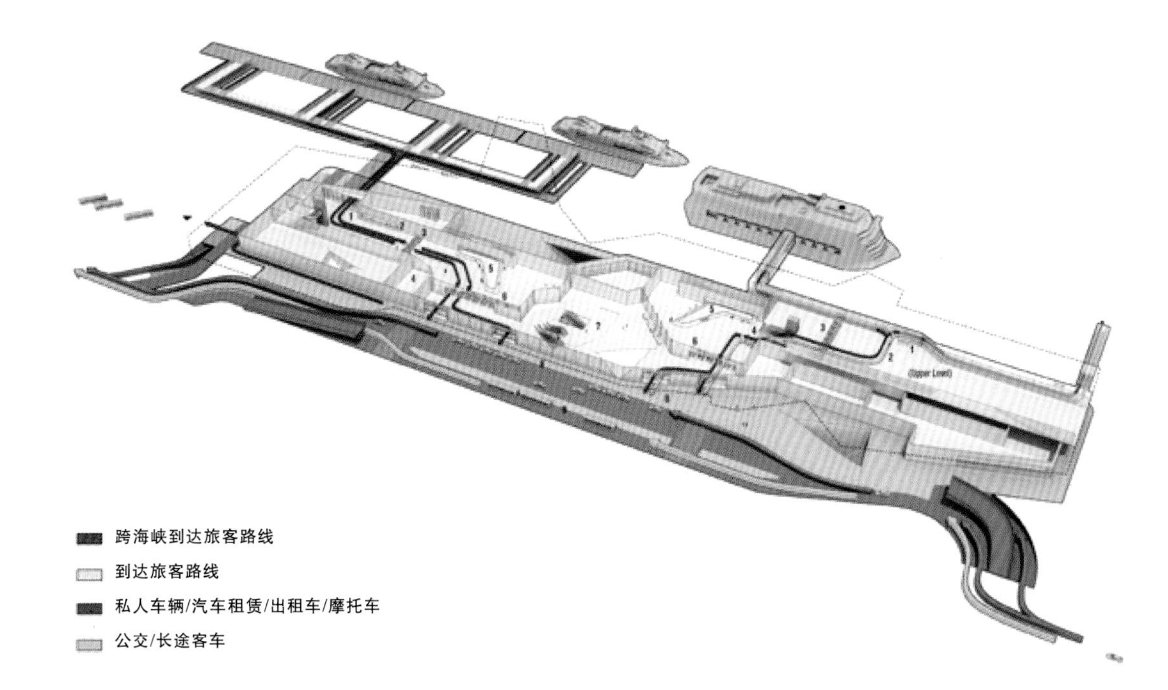

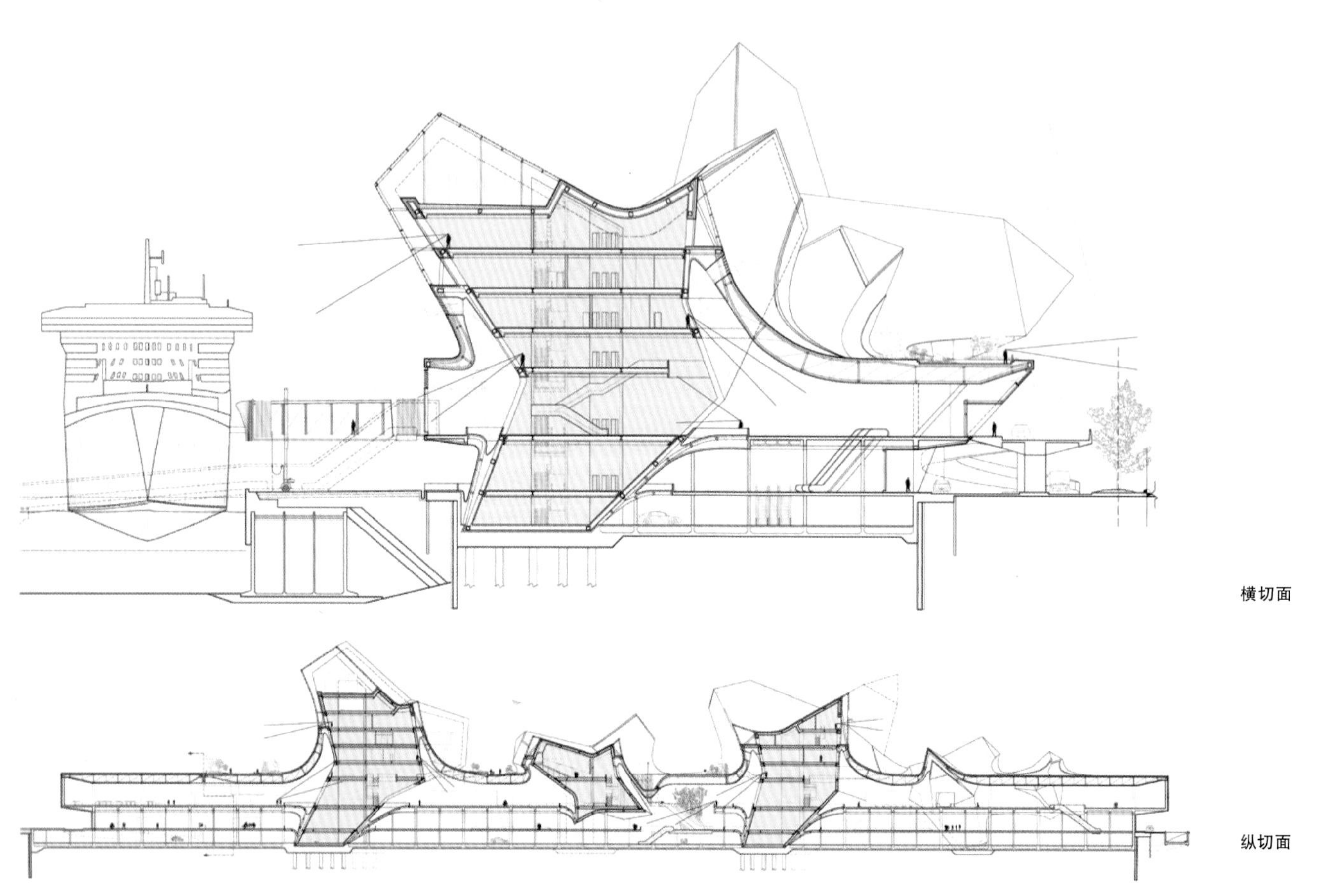

横切面

纵切面

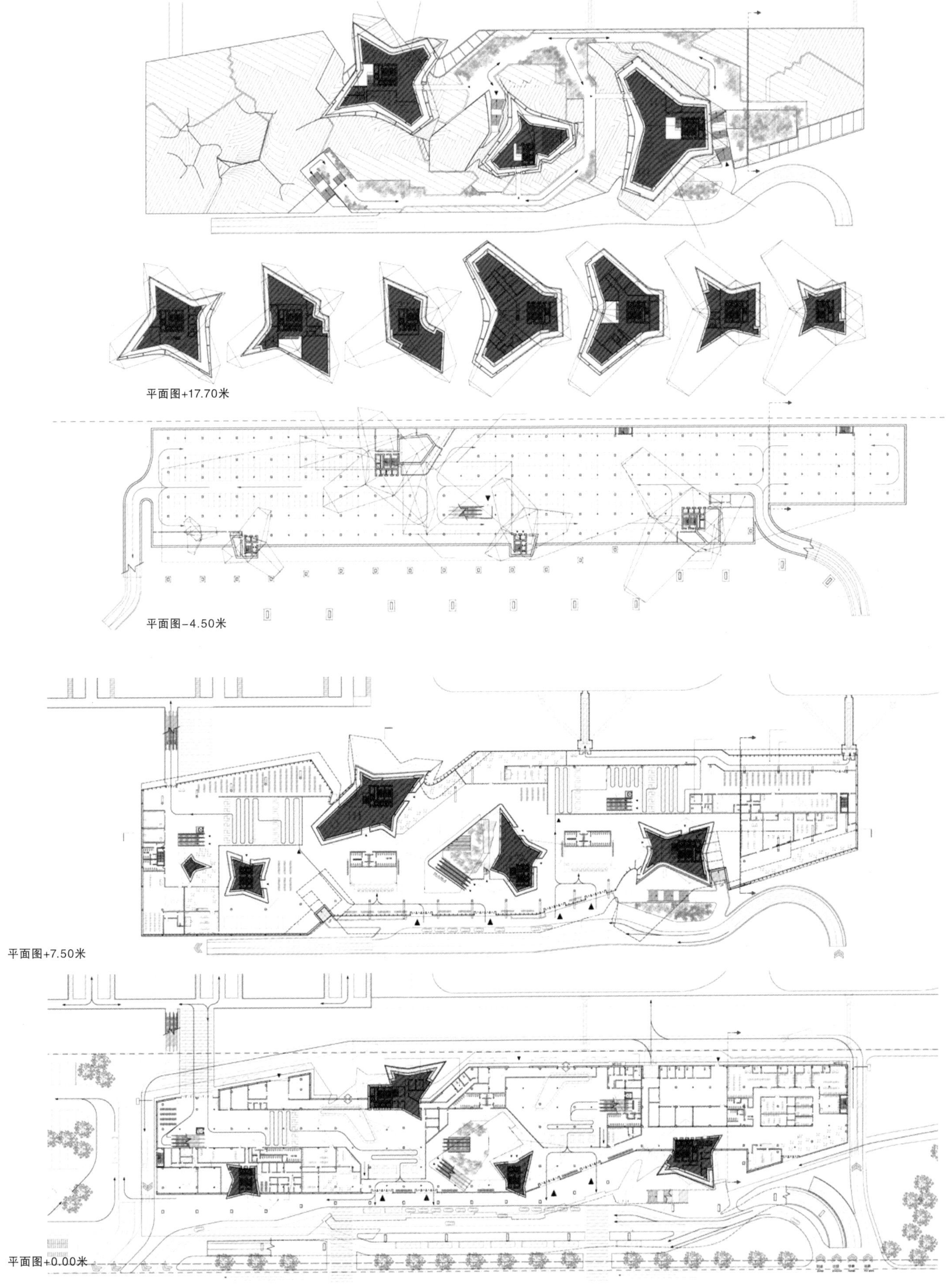

平面图+17.70米

平面图-4.50米

平面图+7.50米

平面图+0.00米

Third Prize

从附近公园观察客运服务中心

公园大道的景色

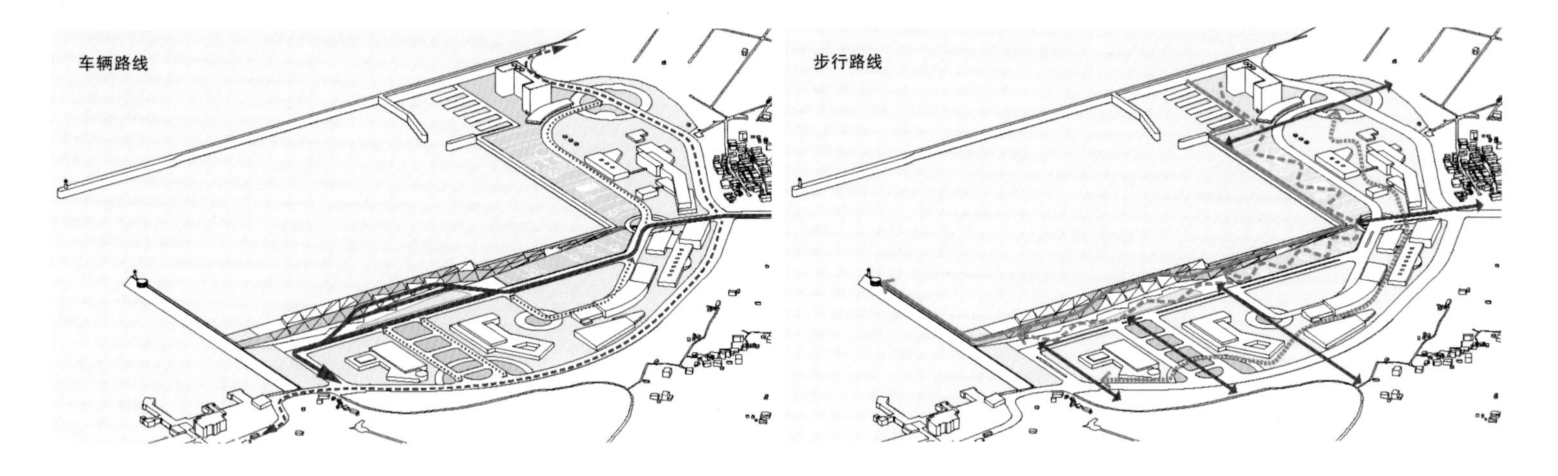

三等奖

洛肯·奥赫里奇建筑师事务所/洛肯·奥赫里奇，美国
境向联合建筑师事务所/蔡元良，中国台湾

生态之桥

生态之桥的设计概念包含景观与建筑的主体，寻求能够将水岸公园与码头客运中心结合在一起的设计方案。为当地居民及游客创造新颖独特的公园景观，在动态的码头建筑形式中纳入公园的全景视角。

本案的特点是将岛屿本身的道路系统与新建的海岸干道交织在一起，将客运中心拉高至地面高度之上，在总体规划的轴线之上提供面朝大海的开阔视角。抬高后的建筑体高低起伏和谐呼应金门本身的地势，为到达旅客呈现一番蔚为壮观的景象。旅客可以从屋顶花园和北侧的玻璃走廊饱览周围的自然风景。管制塔台位于建筑主体的制高点，高高在上的位置提供了更为壮美的景色。

本案使用折叠三角平面分格系统将公园与码头建筑交织在一起。这样的设计为自然采光，流畅的交通路线，以及与公园景观的结合创造了绝佳的条件。新公园将容纳一系列服务旅客和当地居民的基础设施，如兰花园、李子果园、喷泉水景、渔人码头眺望台、冥想花园、展演座位、市集活动空间、棚架遮阳花园、赏鸟亭和海景眺望台。建筑内部的绿色空间也将成为旅客活动和休息的绝佳去处。

生态之桥的设计将功能性与文化传统进行了有机的结合。金门岛已经成为台湾第六大公园、也是第一个以历史保护和文化古迹为主题的大型公园。此案成功的关键在于满足每天数以万计旅客的基本需求，同时维护优雅的水景空间。客运中心将成为金门岛的文化和生态缩影。

生态之桥既是岛上的一个门户通道，也可以看作一个旅行的终点。设计师将这一门户与客运码头中心整合，形成鲜明而独特的客运中心形态，为金门打造出一个集合了历史、自然与商业的前瞻性客运中心。对于等候渡轮的旅客，探索岛上自然景观的游人，和寻找全新休闲、商业空间的当地居民来说，这种新形式的公共区域都是喜闻乐见的。

车辆交通

车辆将从30米宽的公路一侧沿单行线行驶直接进入客运中心，与总体规划保持一致。

抬高了的客运码头内设置了乘降区，遮风避雨且照明良好，通风顺畅。单层地下停车场位于客运中心下方，设有汽车、摩托车和公交车辆分区。

行人交通

整个客运中心的交通设计分为三个主要区域：港口步道、海滨公园和商业长廊。新港口步道和海滨公园沿整个港口延伸，具备娱乐、休闲和购物的综合功能，分布着多家咖啡厅和商铺。三个区域相交的路径形成小型网络，方便旅客和当地居民通行。

海滨公园景色

入口车道视角

屋顶公园的视角

一层车辆乘降站

灵活的系统

本案使用折叠三角平面分格系统将公园与码头建筑交织在一起。这样的设计为自然采光，流畅的交通路线，以及与公园景观的结合创造了绝佳的条件。新公园将容纳一系列服务旅客和当地居民的基础设施，如兰花园、李子果园、喷泉水景、渔人码头眺望台、冥想花园、展演座位、市集活动空间、棚架遮阳花园、赏鸟亭和海景眺望台。建筑内部的绿色空间也将成为旅客活动和休息的绝佳去处。

照片、效果图、图纸、模型图和文本：©Lorcan O' Herlihy Architects(LOHA), EDS International, Inc.

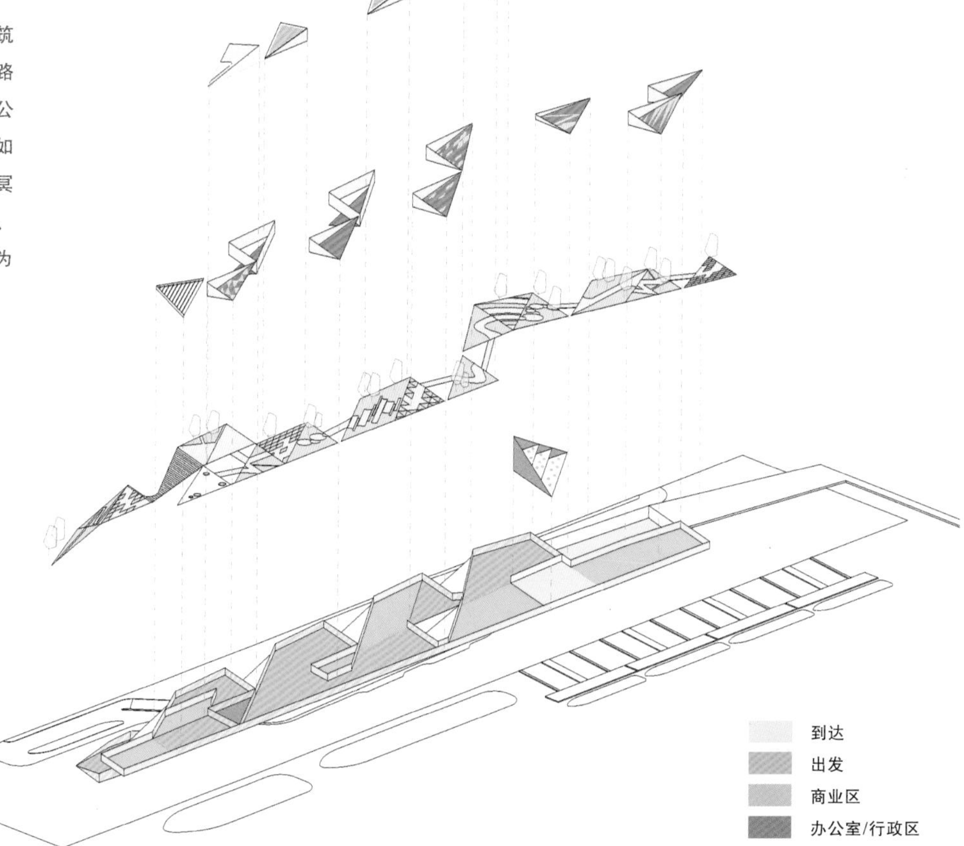

Honorable Mention 1

特别奖1

米拉莱斯+塔利亚韦EMBT建筑师事务所/伯纳德塔・塔利亚韦，西班牙
邵栋钢建筑师事务所/邵栋钢，中国台湾
苏懋彬建筑师事务所/苏懋彬，中国台湾

金门独特的地理位置使其融合了中华文化和当地传统。新渡轮码头建筑工程将为金门与厦门的文化、艺术沟通交流创造一个绝佳的机会。

城市规划

从城市的整体规划角度出发，设计团队在场地解读到三个层次。第一个层次是海岸。这是人们乘船来到金门港时对当地环境的一个主要印象。客运中心的大楼将极大地改变海岸的景观。第二个层次是新建筑。第三个层次是村落和地势。同时，设计团队还指出三个重要轴线：西南方向的塔山，谢厝村落方向和连接金门镇的主要公路。显然，未来的新建筑将在整个地区结构中引出新的连接海洋的轴线。这一分析在有关港口的多个重要城市规划中起到了举足轻重的引导作用。

建筑规模

原有村落和流畅地势与新的大型建筑之间可能出现的反差是需要注意的。这也是设计师为何认为应该对新建筑的高度有所控制，且量体本身应与起伏的地势相契合。设计师还认为新旧建筑之间应该有一个过渡区域，实现逐步而缓和的变化。高层建筑的设计应当充分考虑到地势环境，实现战略性的定位。

整体连结

设计团队认为，在金门所有的未来规划中最重要的一点是与原有人行道和公路网络建立良好的连接与结合。这些人行道和公路方便当地居民前往海岸和

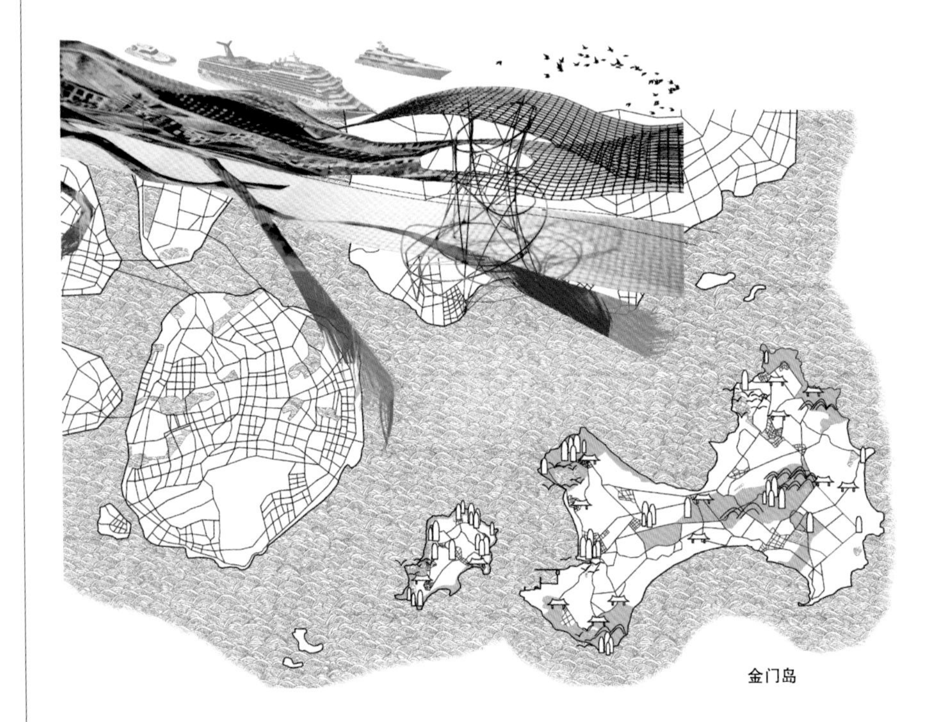

金门岛

照片、效果图、图纸、模型图和文本：©Miralles Tagliabue EMBT SLP., SHOU DONG-GANG ARCHITECT, SU MAO-PIN ARCHITECT

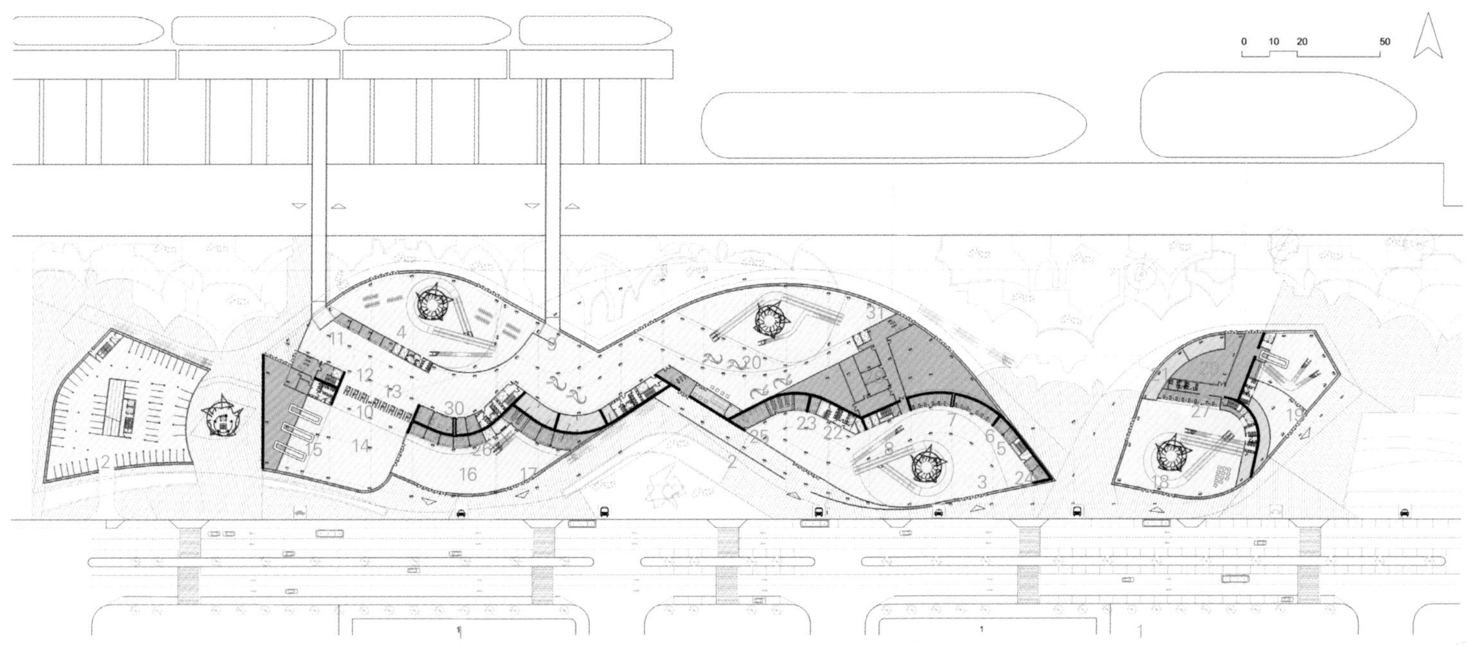

1. 公共停车场
2. 私人停车场
3. 入口
4. 出发大厅
5. 旅客信息服务中心
6. 票务/登机柜台
7. 行李托运
8. 二楼入口
9. 到达入口
10. 税收点
11. 落地签证处
12. 旅行文件检查处
13. 文件检查线路
14. 行李等待区
15. 行李领取
16. 到达大厅
17. 到达出口
18. 出发入口
19. 到达出口
20. 免税区
21. 餐厅/商业区
22. 现金兑换
23. 邮政服务
24. 租赁服务
25. 急救服务
26. 旅客服务
27. 大旅行箱安全检查
28. 维护区
29. 运行区
30. 行政监控
31. 员工入口和员工监控

一层平面图

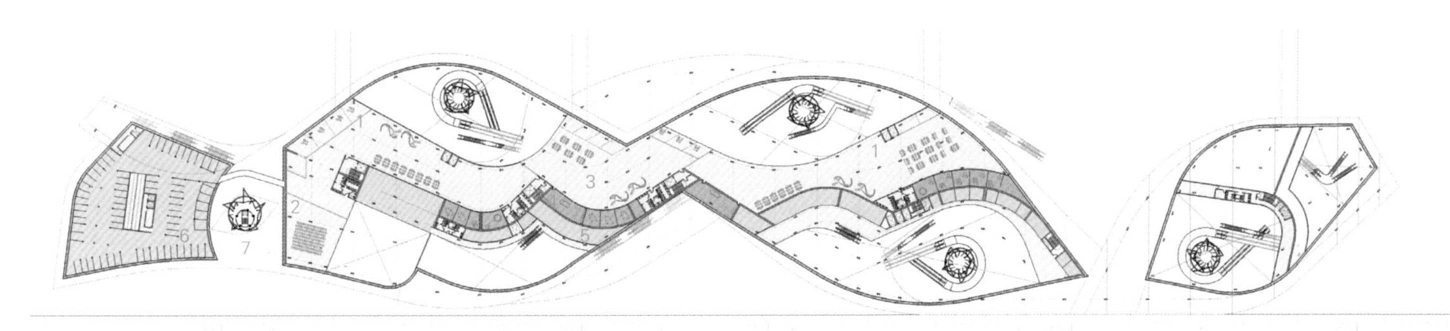

1. 港口办公室空间
2. 中央管理
3. 政府机构
4. 休息区
5. 商业区
6. 私人停车场
7. 船舶交通中心

二层平面图

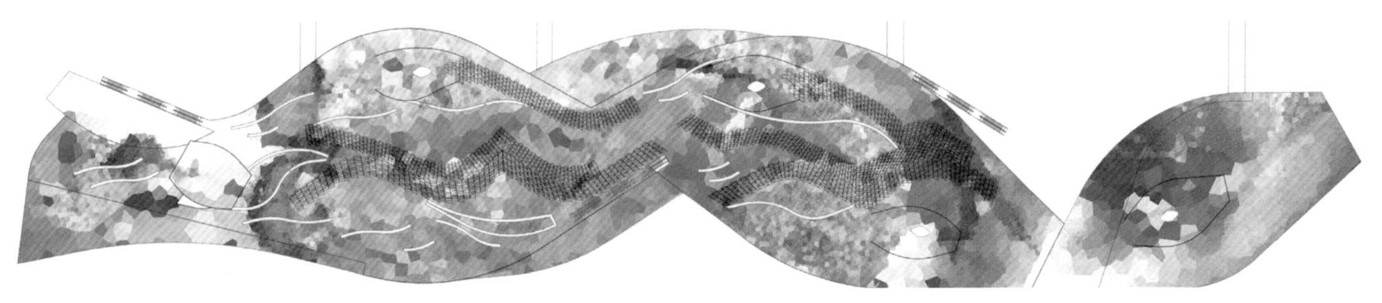

屋顶平面图

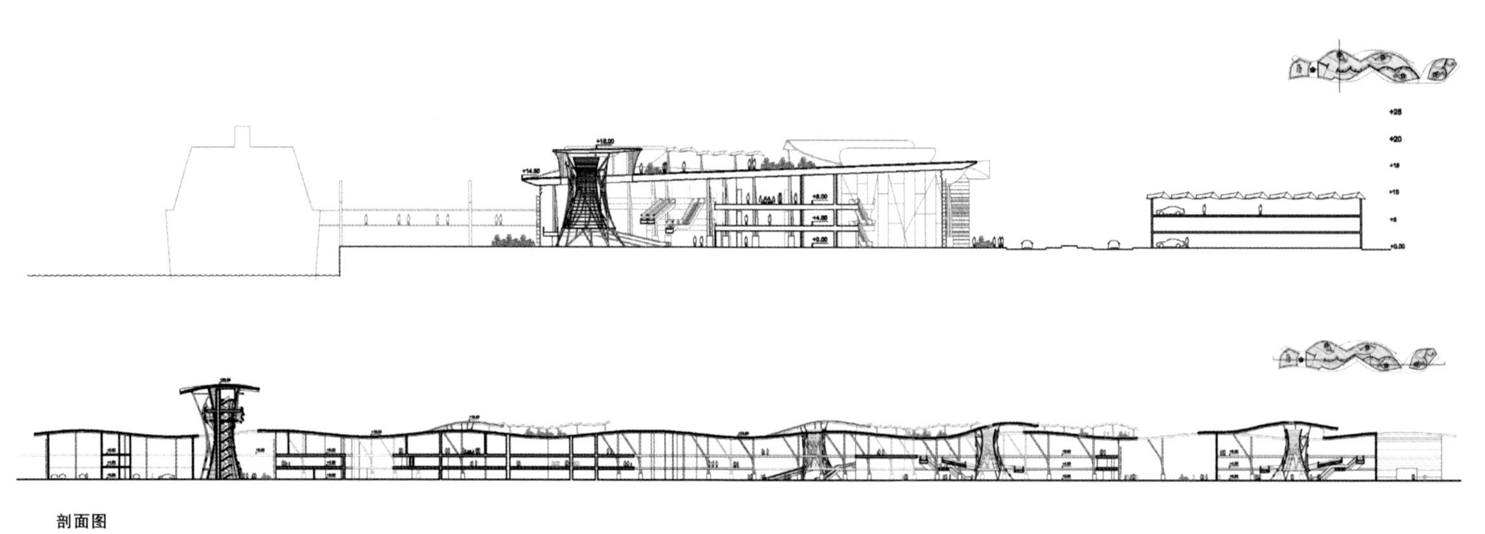

剖面图

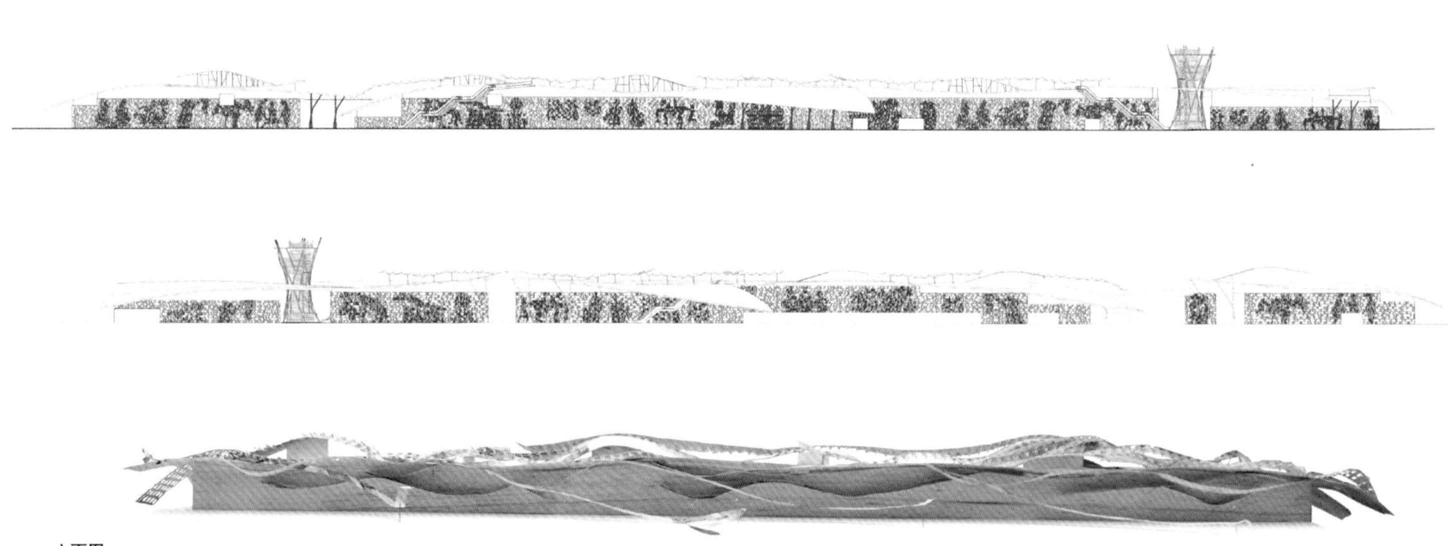

立面图

公共空间，是未来围绕港口开发旅游路线、步行路线和文化活动，振兴整个周边地区的基础。未来可以设定多条以渡轮码头为起点的旅游路线（自然、历史、建筑等），供游客选择。凭借高质量的公共空间和绝佳的观景台，新渡轮码头将成为受游客欢迎的景点之一。新码头将与周边公共空间以及其间的步道紧密关联，码头屋顶也将通过手扶梯与公共空间相连，成为整体规划的一部分。

公共空间

场地中有多个广场的建设规划，其中一个位于到达港和离开港之间，面朝中央公园的轴线。设计师认为这里是进行艺术布置，植被绿化，安放座椅的理想场所。停车处和主建筑之间的空隙也作为一个绿化小广场供旅客流连休息。还有一个广场位于建筑的另一侧，在主建筑和扩建的二期工程之间。这里将会是一个封闭广场，不面向公众开放。建筑周边公共空间的所有路面都模仿金门传统建筑中墙面使用的石、砖混合铺面图案。旅客到达金门港后，看到的第一个区域就是模仿画作制成的精美铺面。

建筑设计

码头客运中心的建筑设计围绕渡轮的离开和到达流程展开。旅客进入大楼后，将被引导通过垂直设施来到2楼和4楼。离开和到达区都沿旅客行动路线设有商业区，配合其他公共服务设施，使通道充满了美好的消费体验，中转的路程不再漫长。到达区主要位于大楼一层，通过一楼的S1和S2号闸门到达的旅客将被导向一楼的旅行文件管理区。这个距离很短，所以即便有大量旅客到达，通行速度依然很快。与这个区域相邻的有签证、检疫和安保办公室等。从S3号闸门（2楼）到达的旅客需要下楼，穿过购物区，然后到达旅行文件管理区。经过旅行文件管理区以后，旅客将到达行李大厅，通过海关，进入到达大厅，旅客在这里可以选择乘坐巴士、出租车，也可以直接到达停车场。

人员流通

旅客和管理人员分别使用大楼的不同空间，互不干扰。3楼是管理人员和警察/海关人员的办公楼层，旅客无法进入这里。管理人员与安保人员也分别使用不同的区域，走不同的通道，但都与2楼和4楼的公共空间相连。建筑一侧和中部分别有三处不同的出入口，每个出入口都与停车场连通。

照片、效果图、图纸、模型图和文本：©Miralles Tagliabue EMBT SLP., SHOU DONG-GANG ARCHITECT, SU MAO-PIN ARCHITECT

外部效果图

离境大厅主入口

Honorable Mention 2

特别奖2

米亚斯工程有限公司/何赛普·米亚斯·吉弗瑞，西班牙；戴育泽建筑师事务所/戴育泽，中国台湾

伞

这是一项海港建设工程，同时也是一个属于金门的城市梦想。这项工程不仅指明了港区的发展命运，也为这个地点提出了一个前所未有的构想。

设计师提出的设想中整个园区分为有篷和无篷区，具有统一的国际风范。有篷区域的遮篷造型就像大伞，组成一个巨大的花园，并为各个区域赋予不同的特色。这些大伞一样的遮篷可以是玻璃、纺织物和太阳能板，不仅能遮风挡雨，还能起到特定的作用。大伞覆盖海面之处尤为特别。这种结构看似大型车站或机场，但光线的不同是其最重要的区别。

园区的高度将与客运中心相当，形成大量的停车空间。园区内的楼梯贯穿各个楼层，增加空间连通性。顶层是装卸货物的商业活动区，也可以找到方便等候旅客的餐厅。巨大的遮篷下，美丽的水景尽收眼底，等候时间变得不再枯燥。大楼的空间规划实用且灵活，方便未来进行重新规划和调整。

建筑设计

三楼是客运中心的控制管理和服务部门，包含移民管理、国际事务、警务、海关以及船舶交通中心。这层楼仅设有有限的几个出入口，遮篷下的室外露台方便瞭望管理。

照片、效果图、图纸、模型图和文本：©Josep Mias Gifre, Mias Engineering Limited, Tai Architect & Associates

金门港水头客运中心

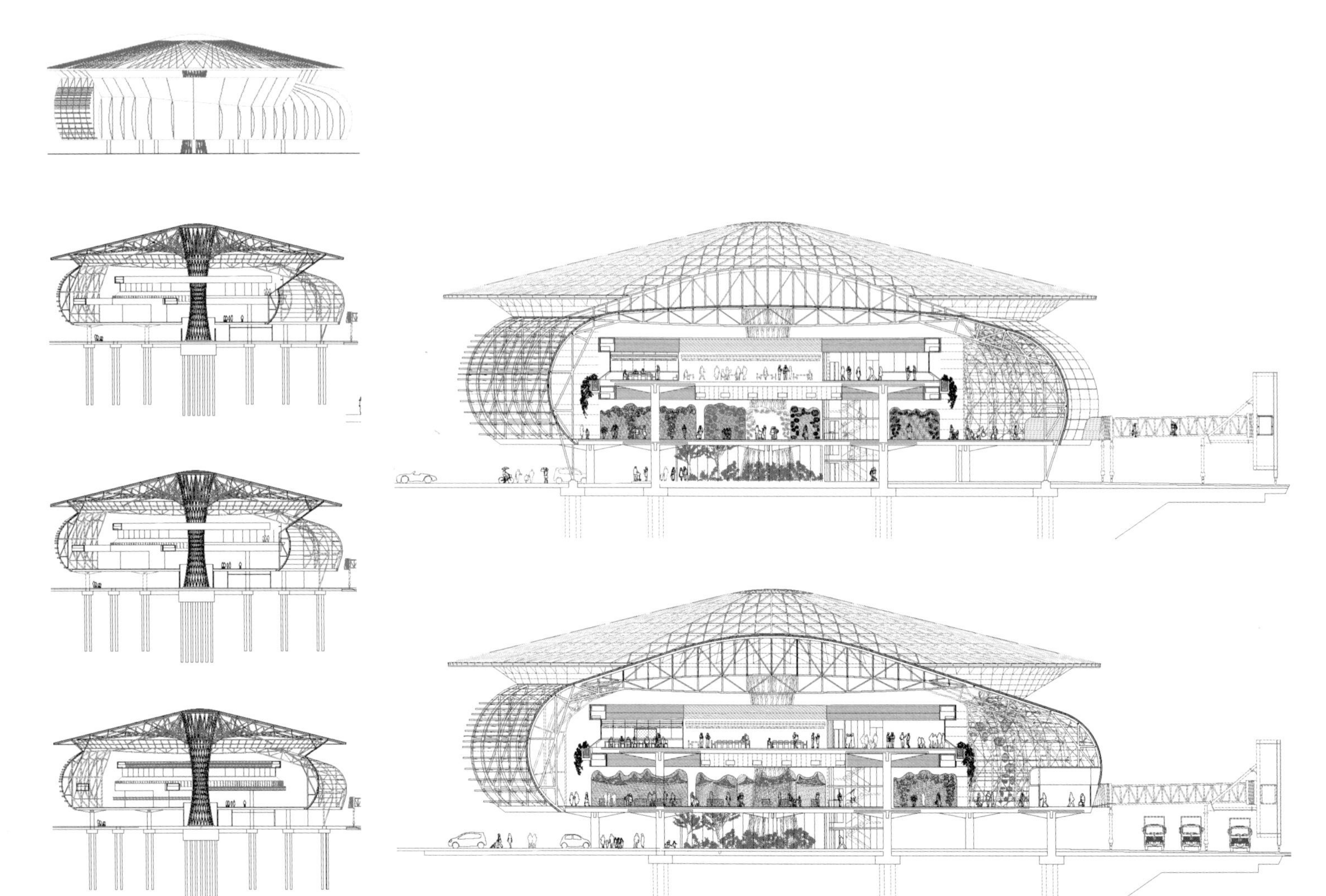

横截面

剖面图

建筑设计

三楼是客运中心的控制管理和服务部门，包含移民管理、国际事务、警务、海关以及船舶交通中心。这层楼仅设有有限的几个出入口，遮篷下的室外露台方便瞭望管理。

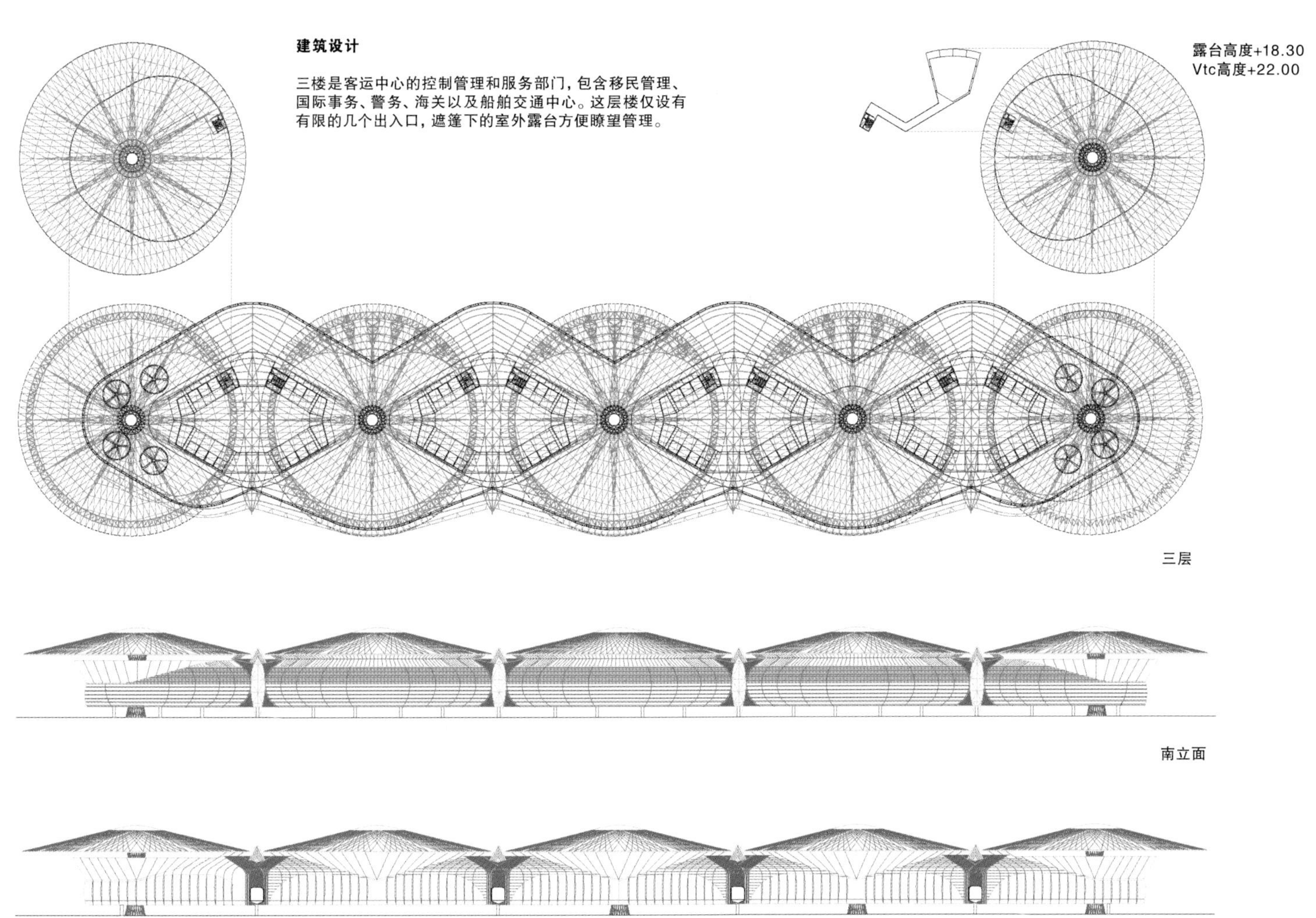

三层

南立面

北立面

诺贝尔中心建筑设计竞赛
Nobel Center Architectural Competition

大卫·奇普菲尔德建筑师事务所

2013年6月诺贝尔基金会宣布开启一项分为两个阶段的建筑设计竞赛。竞赛的目的是为新的诺贝尔中心寻找设计方案，同时选拔能够在未来几年内与委托方紧密合作，制定并实施项目的建筑师。

诺贝尔中心位于斯德哥尔摩的Blasieholmsudden半岛水滨地带北侧，是斯德哥尔摩中央滨水区域所剩不多的可以开展国际性公共建筑工程的地带。这里南邻Museiparken公园、艺术与设计博物馆，北临Nybroviken海滨的斯德哥尔摩皇家音乐学院音乐厅Nybrokajen。西侧的Hovslagargatan街将其与高度统一的密集街道建筑分隔开来。场地东北区的环境与相邻的船岛Skeppsholmen类似，那里聚集了不同风格的独立建筑。

竞赛的第一阶段涉及设计的主要理念，建筑的整体分配和设计，以及建筑与周围环境的关系。2013年9月30日，竞赛第一阶段告一段落，11家参赛设计公司上交的设计方案都经过了评委团的审核。受邀参加本次竞赛的设计师包括金·赫尔福斯·尼尔森，3XN建筑师事务所，丹麦；比亚克·英格尔斯，BIG比亚克·英格尔斯集团，丹麦；大卫·奇普菲尔德与克里斯多夫·费尔格，大卫·奇普菲尔德建筑师事务所，柏林，德国；约翰·塞尔辛，约翰·塞尔辛建筑师事务所，瑞典；安妮·拉卡东与让·菲利普·瓦萨尔，拉卡东与瓦萨尔建筑师事务所，法国；琳恩·特兰伯格，伦加德与特兰伯格建筑师事务所，丹麦；马塞尔·梅里与马库斯·彼得，马塞尔·梅里与马库斯·彼得建筑师事务所，瑞士；雷姆·库哈斯与赖尼尔·德·格拉夫，OMA建筑事务所，荷兰；妹岛和世与西泽立卫，SANAA建筑事务所，日本；克雷蒂尔·索尔森，Snøhetta奥斯陆设计公司，挪威，以及耶特·文加斯，文加斯建筑师事务所，瑞典。

竞赛的第一阶段，设计方案以匿名的形式提交，由评委团选出的方案排名不分先后：蝴蝶，降落的海鸥，诺贝尔王朝，一个值得前往的地点/宫殿，诺贝尔球体·棱镜，“我们相信建筑开展活动，激发人类积极性，创造社会的能力”，距离，1210之外，群岛，一个半房间。

2013年11月评委团挑选了三个设计方案进入第

基本信息

设计公司
大卫·奇普菲尔德建筑师事务所，柏林
主建筑师
大卫·奇普菲尔德
克里斯多夫·费尔格
项目管理
哈罗德·穆勒—合伙人
客户
诺贝尔基金会
地点
瑞典，斯德哥尔摩
总建筑面积
25,700 平方米
预计完成时间
2018

3XN建筑师事务所的“蝴蝶”

马塞尔·梅里与马库斯·彼得建筑师事务所的“降落的海鸥”

文加斯建筑师事务所的“一个值得前往的地点/宫殿”

BIG比亚克·英格尔斯集团的“棱镜”

拉卡东与瓦萨尔建筑师事务所作品

Snøhetta奥斯陆设计公司的“空间之间”

OMA建筑事务所的“1210之外”

伦加德与特兰伯格建筑师事务所的“群岛”

约翰·塞尔辛建筑师事务所的“一个半房间”

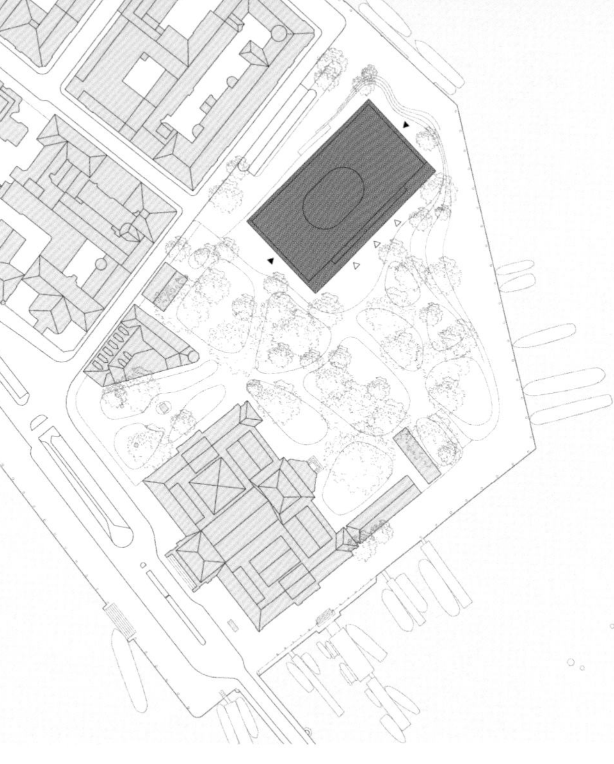

总平面图

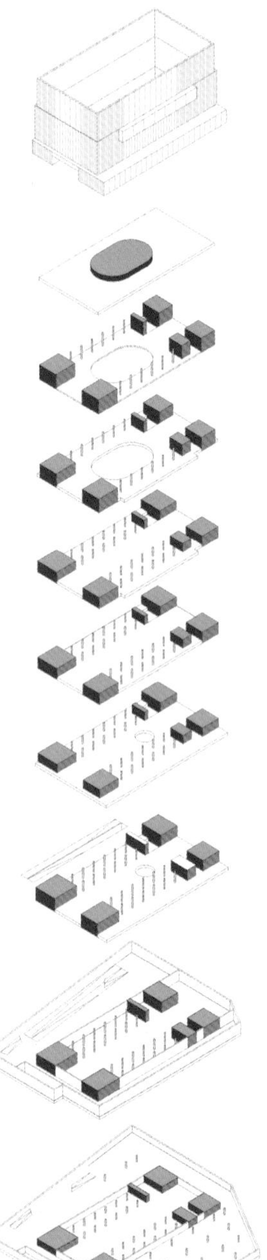

结构设计

二轮竞赛，进行细化。这三个方案于2014年1月17日上交，经受评委团最终的审查，它们分别是：

·来自大卫·奇普菲尔德建筑师事务所，柏林的建筑师大卫·奇普菲尔德与克里斯多夫·费尔格提交的“诺贝尔王朝”

·文加斯建筑师事务所的耶特·文加斯提交的“诺贝尔雪花”

·来自约翰·塞尔辛建筑师事务所的约翰·塞尔辛提交的“一个半房间”

“诺贝尔王朝”设计方案似乎赢得了评委团最多的青睐。它满足了竞赛概要中提出的绝大部分要求，且令人信服。方案呈现的轻盈和开放感十分具有吸引力。建筑还包含了一个设计灵活、清晰的地板结构，能够呈现一个华丽的诺贝尔礼堂。评委团最终将“诺贝尔王朝”方案评为本次竞赛的优胜设计，并提议竞赛组织者诺贝尔基金会将本方案进一步细化，作为未来实施工程的起点。

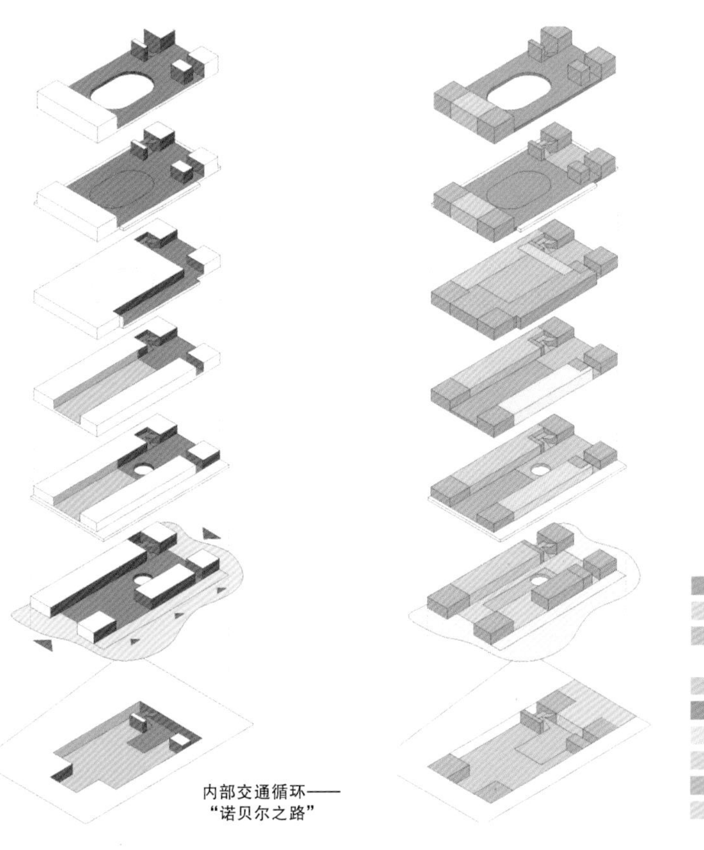

建筑师评论

设计师意欲将诺贝尔中心打造成一个特点突出，具有公共开放性以及公众影响力的建筑。评委团认为，相比其他建筑，诺贝尔中心适宜呈现出更高的姿态。“诺贝尔王朝”纤细、优雅的外部设计自身具有独立建筑的突出个性，同时呼应周围的砖石建筑。底部、中部和顶部三部分的结构组成使诺贝尔中心与斯德哥尔摩传统的砖石建筑设计相映成趣。

评委团对方案中开放、友好的设计理念大加赞赏。考虑到诺贝尔基金会将中心向公众开放的雄心，这样的选址有利于日后发展为一个极具吸引力的公共空间。

评委团还特别称赞了建筑的外观设计，诺贝尔礼堂位于建筑顶端，就像一顶尊贵的皇冠。人们在靠近礼堂的大厅可以欣赏到美丽的市区风光，市区里的人们也可以观赏诺贝尔中心的盛大活动。

经过修改后的外墙设计包含闪闪发亮的垂直铜结构和玻璃元素，传递优雅和品质之感，让人联想到诺贝尔奖的崇高地位。这样的建筑设计对施工的精度和质量有着较高的要求，随后的前期建设工程应采取相应的保障措施。

一、形式和表达——建筑外墙

通过微妙的凹陷设计，诺贝尔中心保留了底部、中部和顶部的截面构成，就此呼应市区内出现率较高的建筑类型。外墙均匀覆盖建筑的各个方向，呈现统一的外观。

设计师对每个体积单元内的垂直面加以突出，水平方向的地板则居于其次。大卫・奇普菲尔德建筑师事务所将建筑外墙设计为单层、后梁柱金属结构，南侧配有外部遮阳系统。

玻璃填充物的通透性较高，在玻璃

窗外使用天然石材则不透明，体现坚实感。外墙部件选用黄铜或镀锌钢材料。根据一天之中的时间和室内进行的活动，建筑可以创造出动态光感、开放感以及厚重感，同时传递建筑目的与雄心。

二、开放的一楼空间

重组建筑的理念使设计师得以提出这个相当开放，并且方便人们自由出入的一楼设计。除了分布在大楼角落的四个核心区域，包括信息台、咖啡厅、商店、教育学习区和灵活展示区在内的整个一楼空间都向公共活动完全开放。

人们在大门、窗口和朝南的花园走廊处可以观察到室内进行的活动，由此实现视觉和物质的内外过渡。邻近备用楼梯与电梯的中央螺旋楼梯是上下楼的主要通道，连通楼内的各个功能区域。其中，一楼空间起到了积极的互动交流作用，三个大门分别朝向东方、南方和西方，配合拓展和互动的设计理念，在建筑内部构成街道般宽敞的开放空间。

三、内部组织——交通流线与“诺贝尔之路”

竞赛第一阶段决定将礼堂设置在大楼顶部，设计过程中的每个组织概念都或多或少地被这个决定所影响。在减少建筑体积，提高活动效率的前

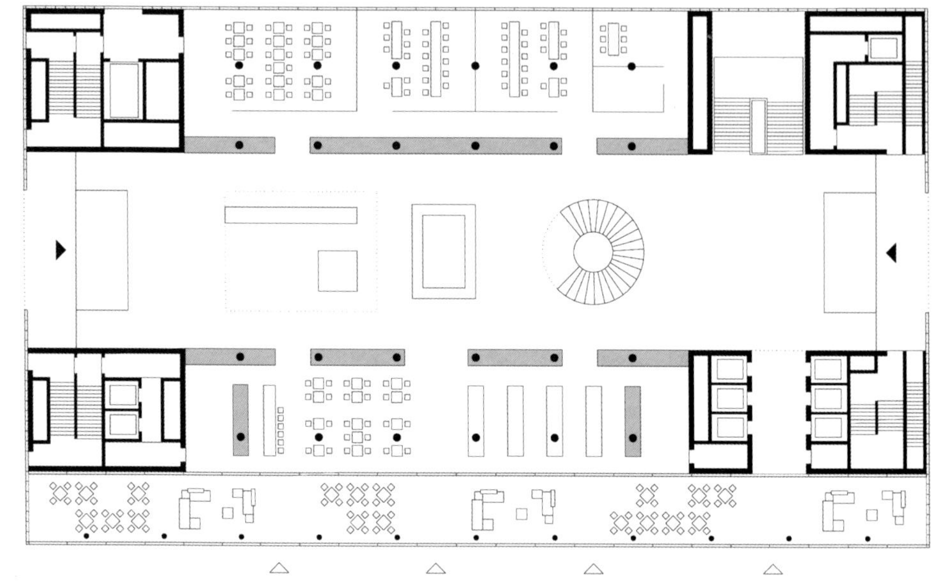

一层平面图

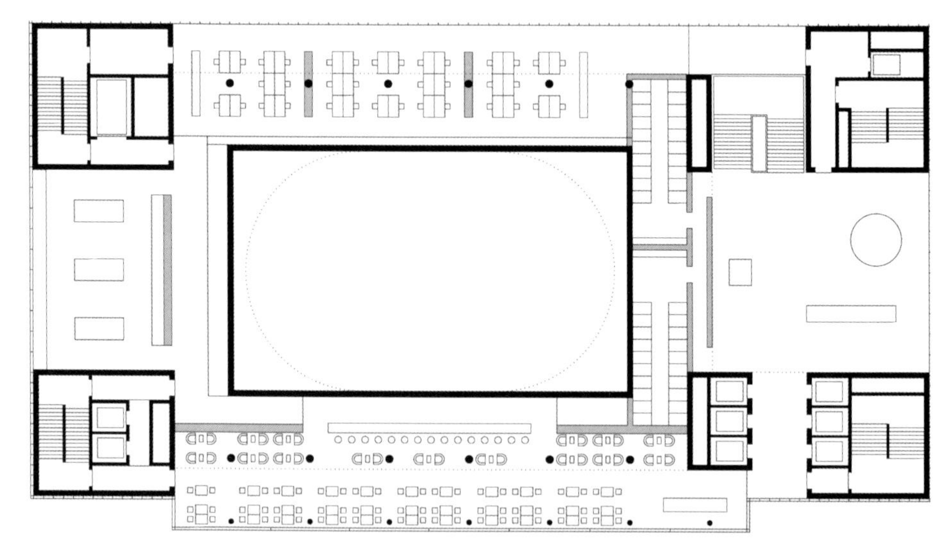

四层平面图

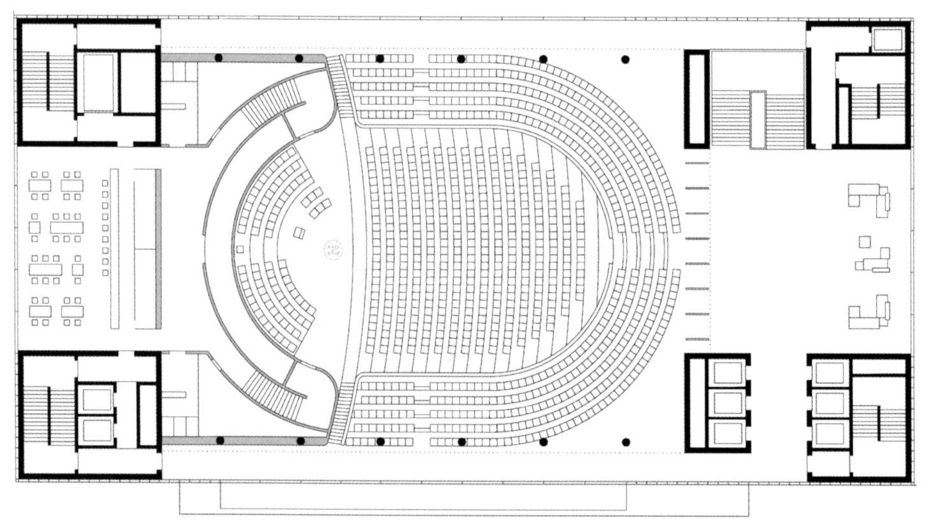

五层平面图

照片、效果图、图纸、模型图和文本：©David Chipperfield Architects, Nobel Center Architectural Competition

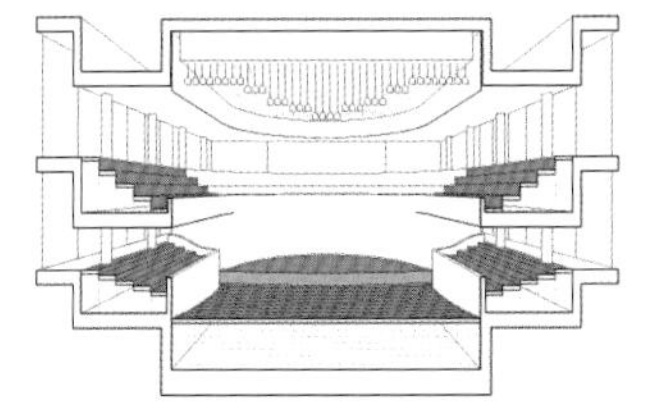

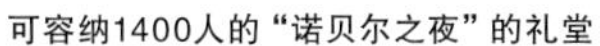

可容纳1400人的“诺贝尔之夜”的礼堂

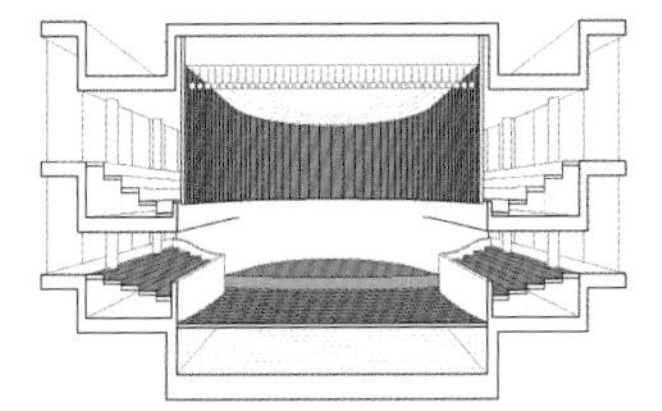

可容纳800人的礼堂

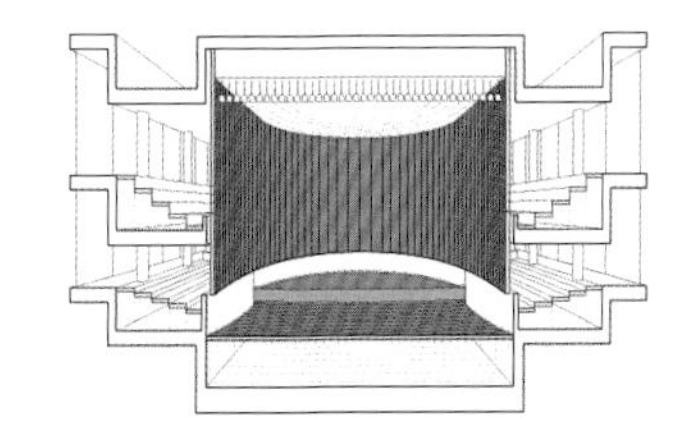

可容纳400人的礼堂

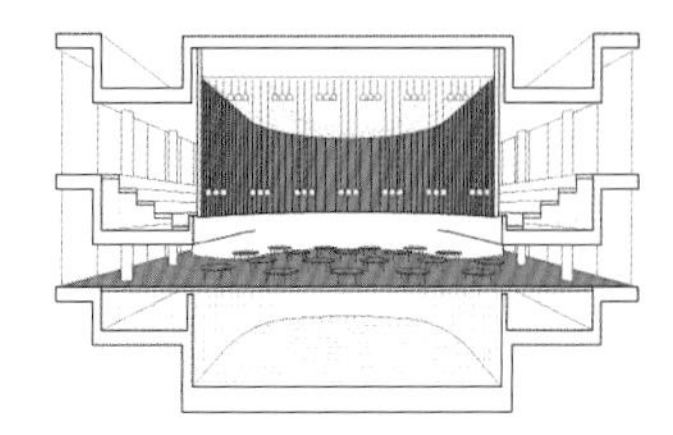

宴会礼堂

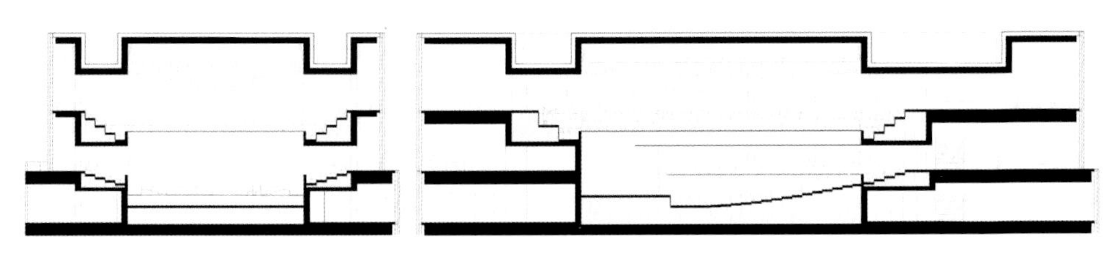

剖面图

提下，设计师提出了保留垂直路径的人员流通方案，博物馆的各项活动均将人流引向顶楼的礼堂。

为了实现这一方案，设计师计划将博物馆分成三部分：二楼和三楼的临时展馆，地下一层的永久展馆以及分布在各个楼层，始终与垂直流通空间相连的开放展览空间。

四、礼堂——“诺贝尔皇冠”

针对有关设计灵活性的讨论，设计师制定了一个标准：礼堂至少应该具备服务诺贝尔奖颁奖典礼的能力。因此礼堂的所有其他功能将遵循这样的空间设定，围绕“诺贝尔之夜”的氛围展开。

基于这些思考，设计师提出了极具紧凑性的马蹄形礼堂设计，并且配以斜坡式的灵活镶木地板和高低环形画廊。弧形的座位安排和镜框式舞台设计构成了紧密的空间氛围，突出观众与舞台之间的亲密关系。设计师设置了轴向的礼堂入口，并为之配备了六台电梯和直接与一楼连通的楼梯，确保高峰时期人员通行的流畅性。礼堂就像皇冠一样，在建筑形式和公众互动层面上形成独特的城市景观。

根据用户要求，设计师构建了有序而非平行的礼堂使用模式，灵活的地板设计和环形画廊增加了场地的灵活度。

“诺贝尔之夜”的礼堂可以容纳1400个座位，外加环形画廊外围的一排座位。利用悬挂在天花板上的帘幕将上层环形画廊隔离还可以增加800～900个座位，帘幕可以继续下降至镶木地板高度，这层的400～500个座位可以用来举办中型活动。此外，灵活镶木地面和下层环形画廊地板可以提高至主厅地板高度，使五楼空间地面完全平整。这时礼堂可以根据幕帘在地板上圈出的空间，举办大型或小型宴会。所有的组合里都有足够的空间让人们进行交谈活动。

长沙梅溪湖城市岛竞赛
Changsha Meixi Lake City Island

KSP尤根·恩格尔国际事务所

长沙市位于中国东南部，是湖南省的省会。在梅溪湖城市岛竞赛中，KSP尤根·恩格尔国际事务所凭借梅溪城市螺旋结构的设计理念，力克佛罗伦萨/北京的阿克雅建筑事务所以及悉尼的考克斯建筑事务所等国际竞争对手，一举夺得竞赛冠军。本次竞赛分为两个阶段，采用邀请的形式，夺得优胜奖的设计团队是一家德国事务所，在北京设有分部。

KSP尤根·恩格尔的设计理念巧妙地突出了长沙西南的梅溪湖新城市轴线，创建一个面向城市开放的多功能公共空间。梅溪城市螺旋工程将在人造湖岛上拔地而起，总面积约20,000平方米，由一个6米宽的无障碍坡道向上盘旋到垂直距离30米的高度。游客可以在制高点欣赏到城市规划以及占地约40公顷的梅溪湖的壮美全景。螺旋结构内部是从制高点开始的下旋坡道，引导游客来到新城区。对于在长沙中央商务区工作的人们来说，新城市轴线和制高点在梅溪湖和城区之间架起了一个极具新引力的步行通道。螺旋结构直径88米，总长约1000米。

坡道沿线将设置各种设施，从微型酒店、儿童游戏区，到太阳浴甲板，多种多样的绿色植物，应有尽有。乡村元素与城市元素的互动是这个公共结构的特点之一。

凭借开放式的结构和友好的氛围，引人注目而又具有象征意义的城市螺旋必将成为当地居民和外来游客聚集、探索的热门场所。螺旋结构和9米高的人行道连接了两条高速公路，是专门为方便行人而保留的。

基本信息

设计公司

KSP尤根·恩格尔国际事务所

面积

约 20,000平方米

螺旋结构长度

约1 千米

地点

中国，长沙

对页图：长沙梅溪湖城市岛竞赛

建筑师评论

“螺旋形状的梅溪城市螺旋标志着长沙西南区域新一轮城市扩张的开始，注定将成为一个地标式的建筑物。不同公共空间内的多种设施代表了附加在游览梅溪城市螺旋的游客身上的高价值。”当谈到设计方案的品质时，KSP尤根・恩格尔国际事务所主理合伙人约翰内斯・芮恩施这样评价道。螺旋结构由两个弧形人行道和中空钢架构成，承重支柱仅有40厘米厚，相互紧靠。

一、螺旋

梅溪国际新城是长沙市的开发新区。长沙将发展成为一个绿色、生态的高水准城市，而梅溪国际新城作为未来的市中心，将包括国际研发中心、商务中心、艺术与文化中心以及居民区。在未来几年内，这里的建设工程总面积可达38平方千米。

城市岛面积约为20,000平方米，形成一个矩形的外观，将成为新城区重点工程建筑的基础。该岛临近长沙市梅溪湖繁忙的中央商务区，这里的湖岸边矗立了许多高层商业建筑。

由于会有较多的步行需求，这里是十分重要的开放式公共空间。人们可以在这里午休，下班后来到这里参加活动，或者在周末携家人参观游览。为了更好地履行这一职责，新工程需要选择一个与周围建筑、梅溪湖规模以及未来影响力相对应的比例。

二、设计理念

在梅溪新城中央，设计师提出了将梅溪湖螺旋作为城市新焦点的建议。自然和城市的两条路径在这里交会。这两条路以盘旋通道的形式体现在建筑的基本结构中。

设计师使用两个传统中文符号对这两条路径的寓意加以阐述：“融”是古代的一种烹饪器具，类似于三脚架，本义也可理解为兼容、永恒和繁荣。工程中的两个螺旋结构从城市岛盘旋下降，呼应“融”字背后的寓意，象征节约资源与环保的双重社会目标。“汇” 是一个容器，被视为收敛和聚集的地方。前面描述的螺旋

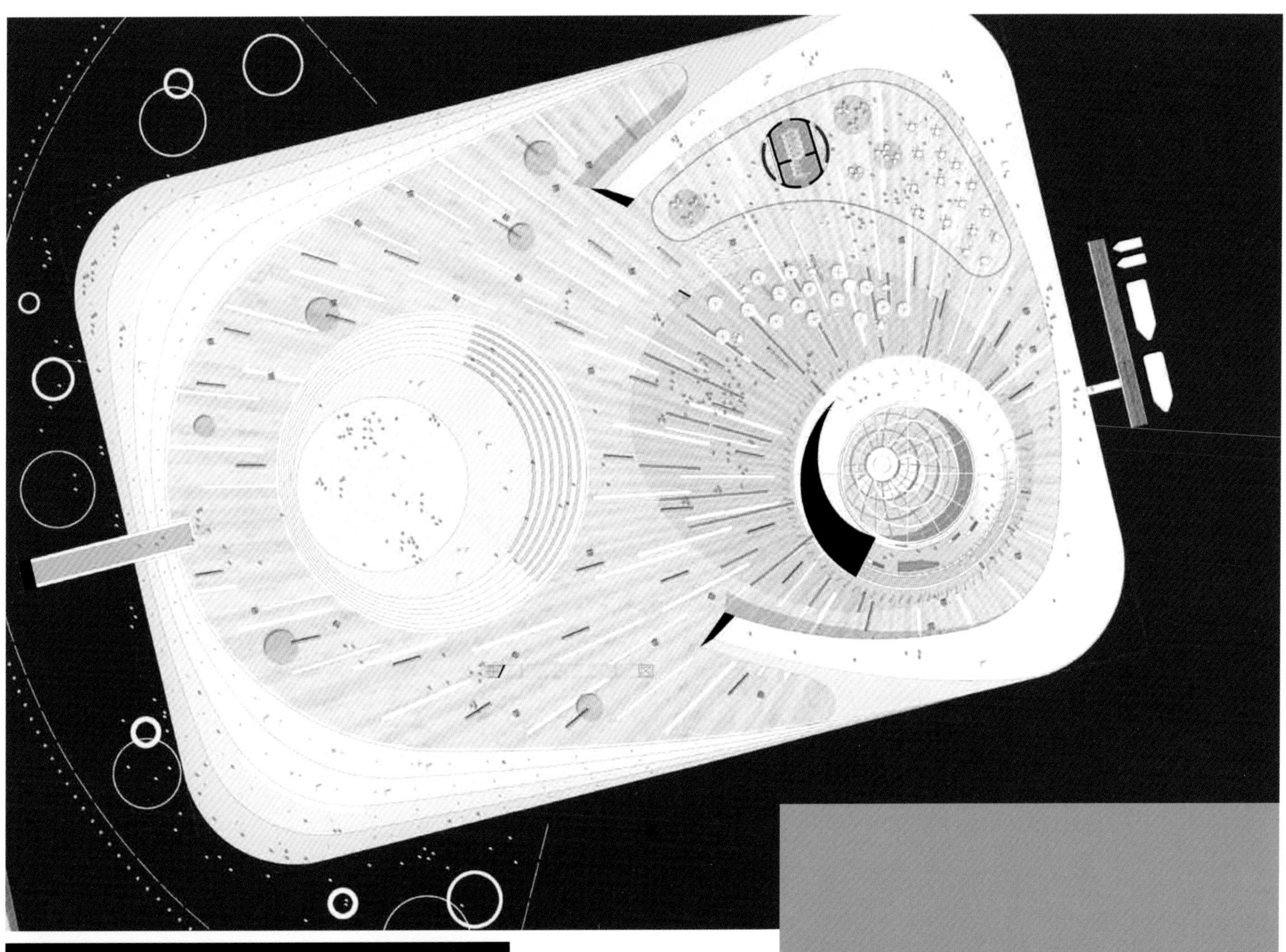

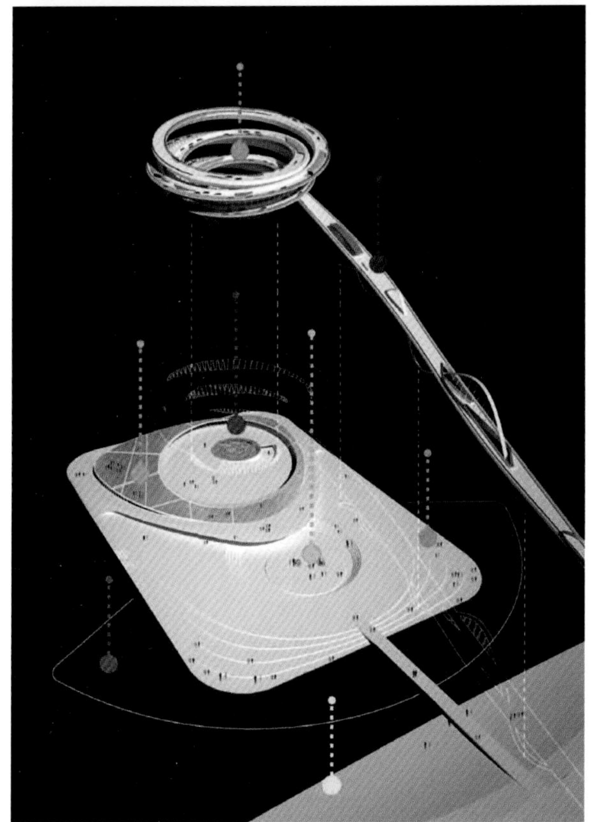

功能分区

上图：一层平面图
下图：
纵切面
纵切面
北立面

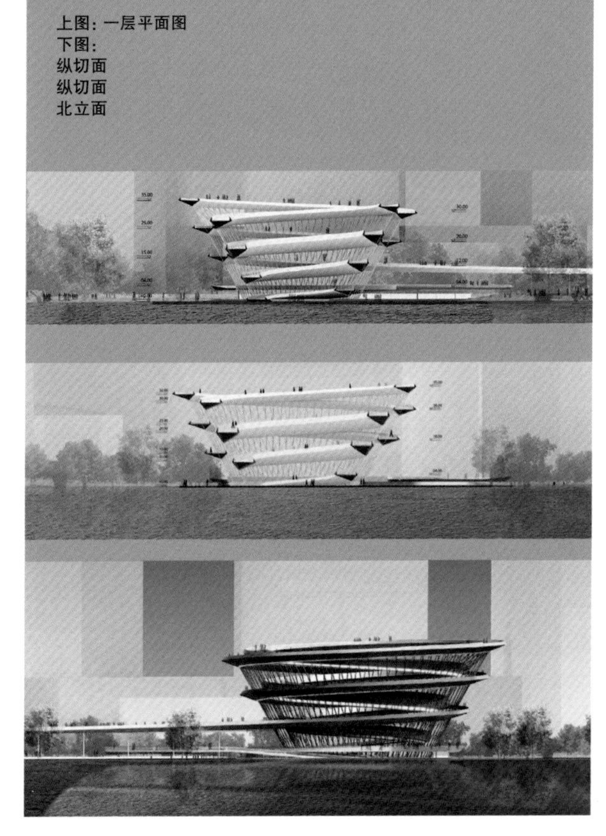

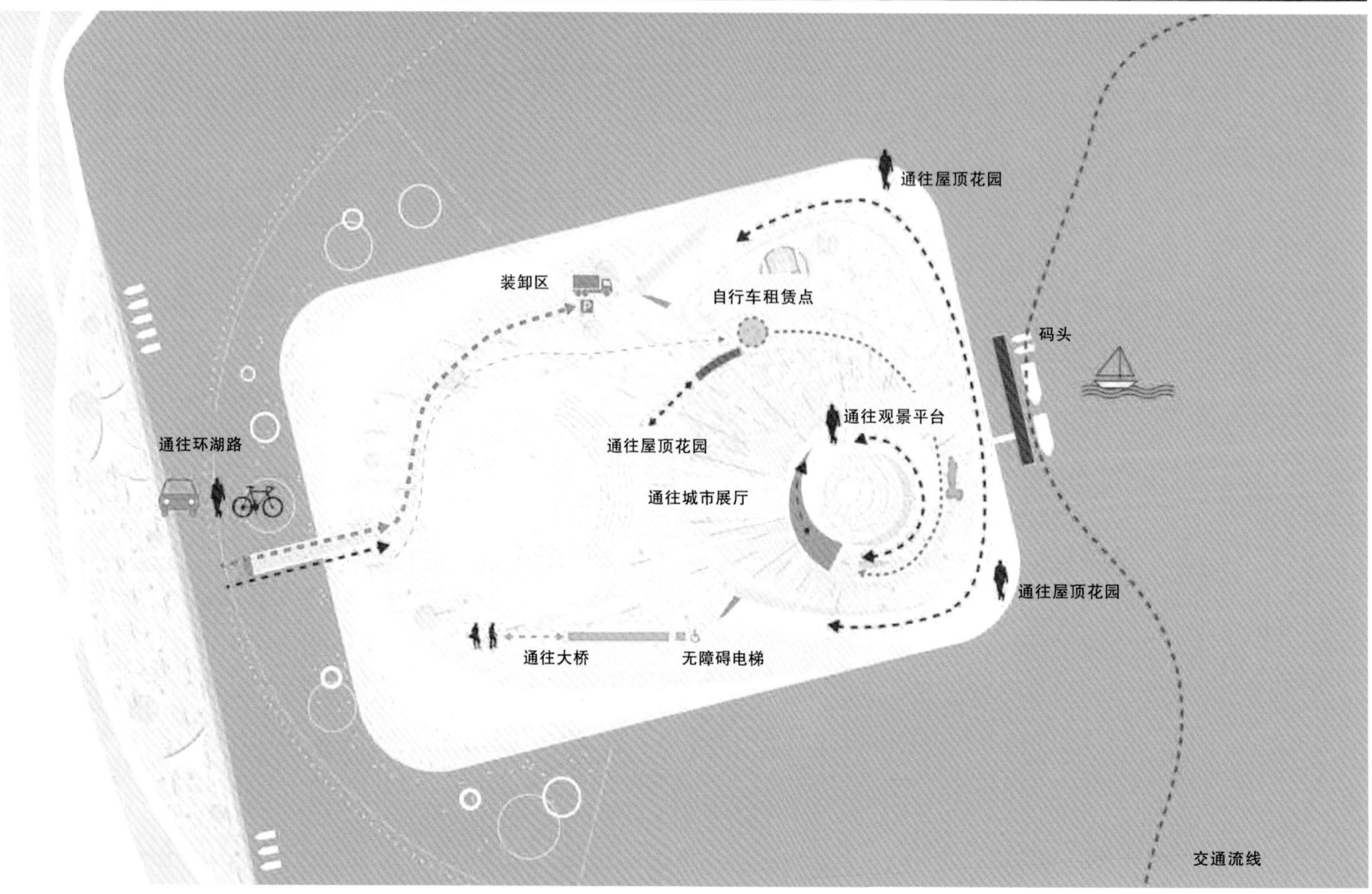
通往屋顶花园
装卸区
自行车租赁点
码头
通往观景平台
通往环湖路
通往屋顶花园
通往城市展厅
通往屋顶花园
通往大桥
无障碍电梯
交通流线

结构合并成一个漩涡，一个使人聚集，使思想融合的动态结构。

三、建筑体系

梅溪湖螺旋建筑不是封闭、抽象的结构，而是一个开放、具有参与性的新世界。它提供了两个独特的活动空间，对各个年龄段，各种需求的游客都具有一定的吸引力。其中一个场地位于两个螺旋通道中心，另一个位于建筑外侧的城市岛中心。这样的设计能够提供多种活动解决方案。

中空钢梁制成的两个弯曲通道构成了建筑本身，位于一组密集的柱子上方。人们可以经建筑周围的通道，欣赏城市和湖

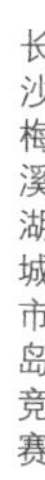

光风景，或者来到螺旋结构中心，亲历活动与表演。

四、结构工程

观景台上的人行道由一组圆形结构堆叠而成，从顶部观察是依照螺旋结构的外观排列的。外层螺旋结构由内侧支柱支撑，内层螺旋结构由靠外的支柱支撑。人行通道由钢制（厚度15毫米，S235）三角形箱型梁构成，耐弯曲、扭转。箱型梁的内沿和外沿受到垂直方向支撑。支柱与箱型梁的交叉点使用补强板进行了加强。由于箱型梁内部呈圆形，所有弯曲和扭转的力都在圆形内部得到了中和。支柱仅吸收轴向受力，因此可以采用较为纤细的造型（直径400毫米，S355）。支柱内外都可以用连接板连结在一起，以减少水平方向的风力对结构可能造成的影响。

五、水的多元性

梅溪湖的首要元素是水。这个占地40公顷，波光粼粼的湖区将成为新的城市中心。特点迥异的城市建设与自然环境由城市岛编织在一起，成为城市新区的发展基石。

水元素作为主要的“娱乐者”为人们带来风景优美，富于变化的空间，有吸引力的空间氛围，清新的城市区域，舒适的休闲空间，以及生态乐活的整体感觉。水元素的这些品质表现在水景和雨水利用系统中。

照片、效果图、图纸、模型图和文本：©KSP Jürgen Engel Architekten International

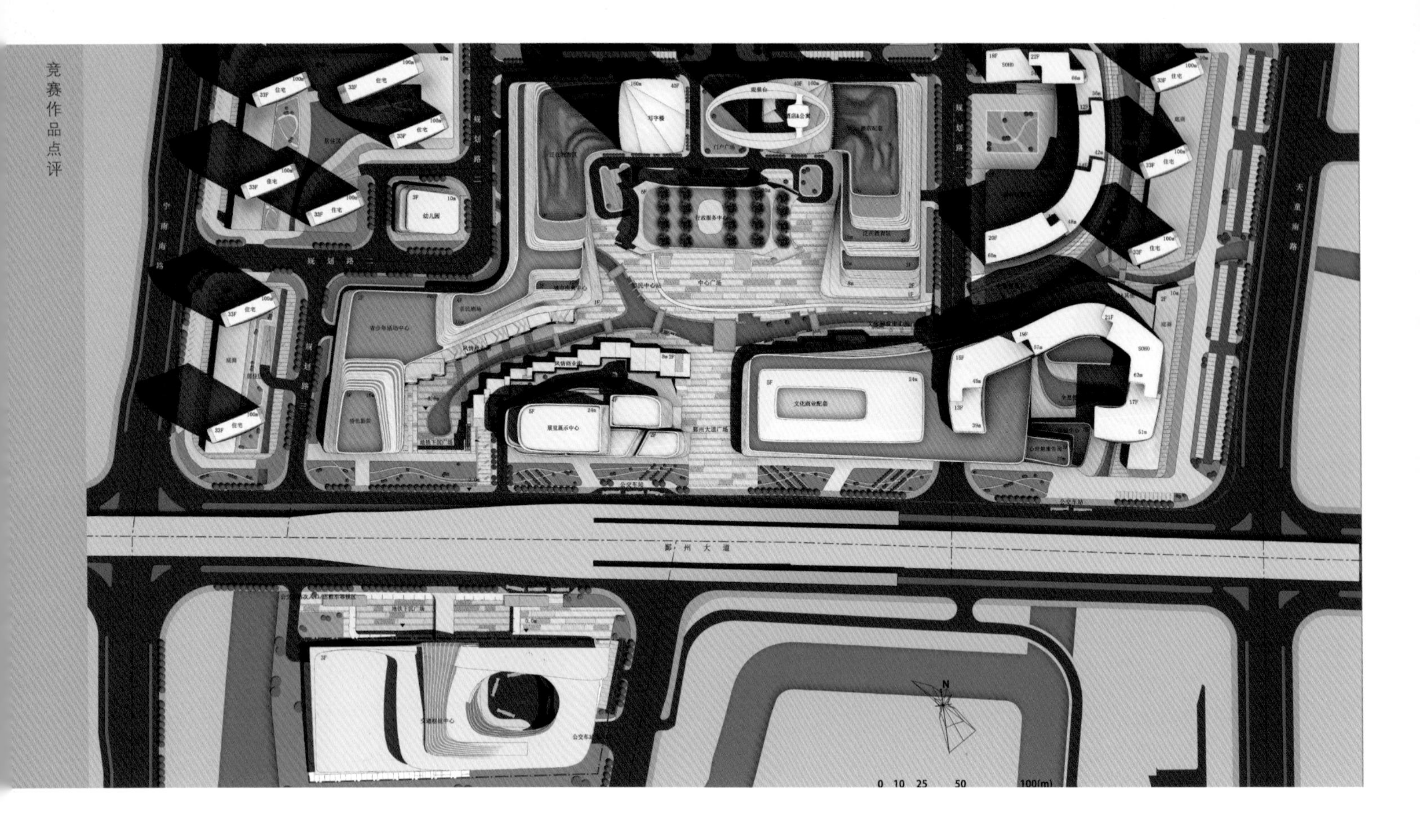

宁波鄞州南部商务区门户项目规划设计竞赛
Ningbo Yinzhou Southern CBD Portal Project Planning Design

AMPHIBIANARC设计公司

2014年1月，宁波鄞州南部商务区门户项目规划设计竞赛落下帷幕，一等奖由amphibianArc设计公司获得。本次竞赛的甲方是宁波鄞州城市建设投资与发展公司，他们曾成功完成了由王澍主持设计的宁波博物馆项目。竞赛主题为宁波鄞州南部商务区门户项目的第四阶段。

一等奖设计方案既是对前三个阶段开发建设的成功总结，也为此区域未来即将迎来的动感城市生活注入了新的动力。包括Urbanus都市实践建筑事务所在内的来自中国、美国和法国的六家国际设计团队参与了竞赛。

建筑师评论

项目位于鄞州南部商务区的最南端，北至泰安东路，东到天童南路，西靠宁南南路，南面为环球城。规划方案强调门户区的战略位置，深度塑造都市中心功能的城市意向。并围绕交通枢纽中心，创造一个T.O.D的新型发展模式的区域中心，实现城市公共空间最大化、景观层次纵向可持续发展的都市发展计划。宁波是古代海上丝路的起点之一，而鄞州的蓬勃经济无论是在历史丝路或现代丝路中都占据了重要地位。本方案故以“丝路”为设计理念，实现文化遗产的传承与延续。

方案将建筑分为两类：第一类是主要建筑，包括门户双塔、市民服务中心、展览馆、风情街和交通枢纽。这五个主要建筑功能或体量最为突出，且各具风格，形式不一，是一个多元化的组合，展现不同的环境和人文气息。第二类是背景建筑，包括活力文化区中的购物中心、泛亚教育区中的教育中心、全息健康区中的健康中心及商务居住区的公寓或住宅。背景建筑以简单的体量变化和建筑立面处理烘托主建筑，在主建筑个性、多元的形式下达到协调陪衬的作用。

文化背景

水与驿：宁波，是海上丝路的起点之一，是中国沿海

基本信息

设计公司
amphibianArc设计公司
首席建筑师
王弄极
合作单位
宁波鄞州建筑设计院
地点
中国，宁波
面积
710,000 平方米

上图：总平面图
对页上图：南部商务区鸟瞰图
对页下图：门户区域鸟瞰图

上图：商务中心广场
对页图：夜景

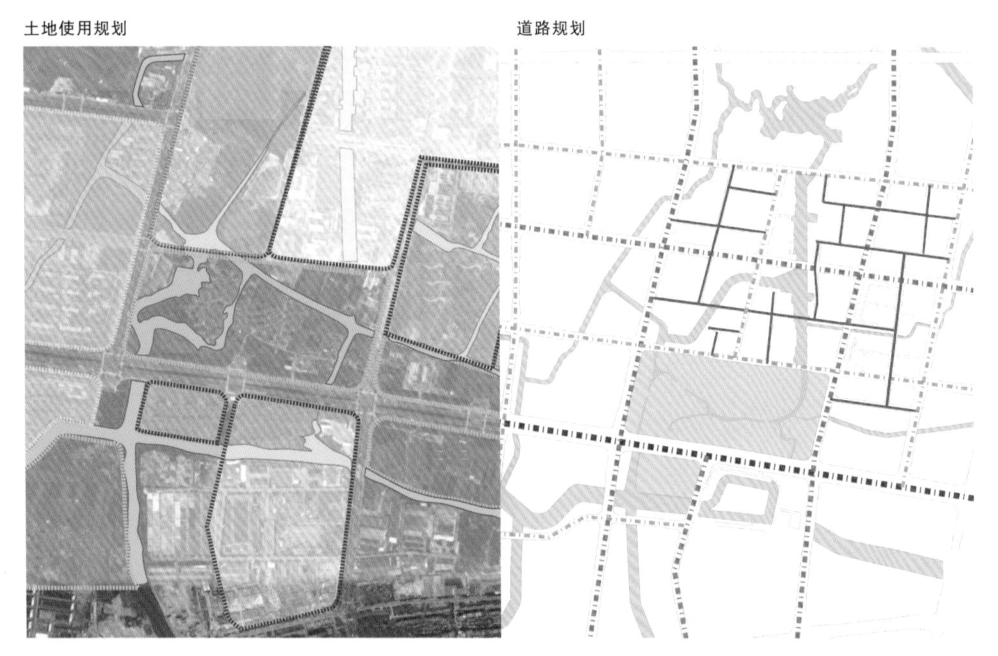

土地使用规划　　道路规划

经济的重镇，同时也是一个水系相当发达的城市，所以将水引入基地既是对历史的呼应，也是对一期水系商业的城市肌理和空间结构的回应和延续。

动：公共活动是城市的灵魂。设计者十分注重基地上的公共空间的营造，以此丰富基地内的市民活动，真正给设计带来人气。

丝：建筑的性格和表现，影响着全区的氛围和形象，是规划设计的重要环节。建筑表现以不同的立面材质处理，捕捉丝绸的柔软细腻与水的波动无形，从而应和了海上丝路这一主题概念。

照片、效果图、图纸、模型图和文本：©amphibianArc

门户区域鸟瞰图

公共服务中心

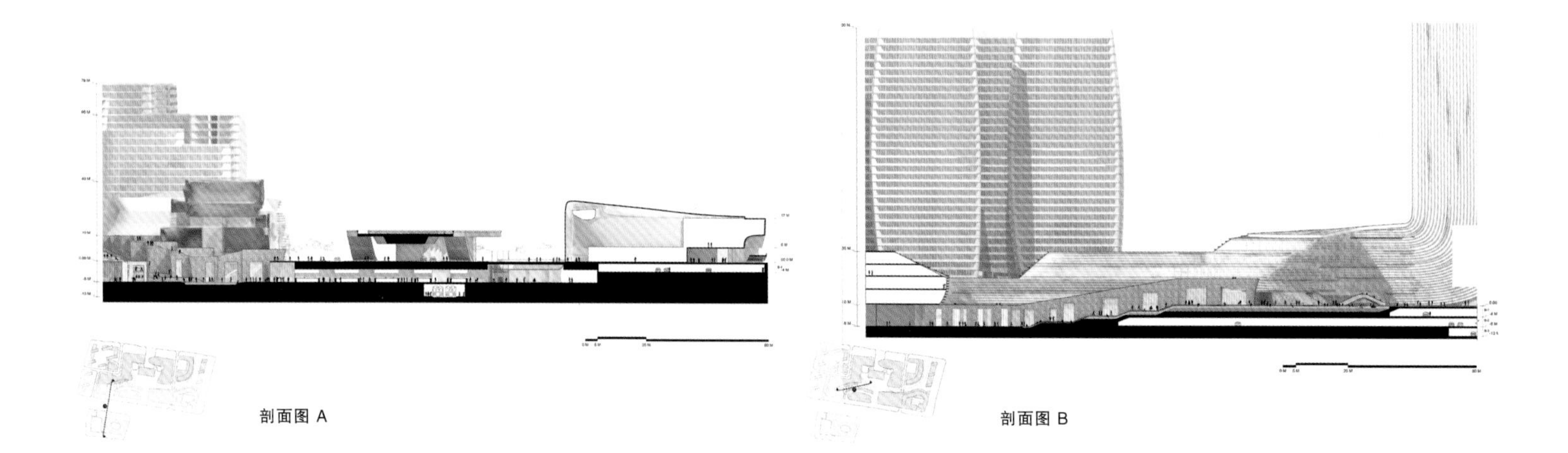

剖面图 A

剖面图 B

水景步行街

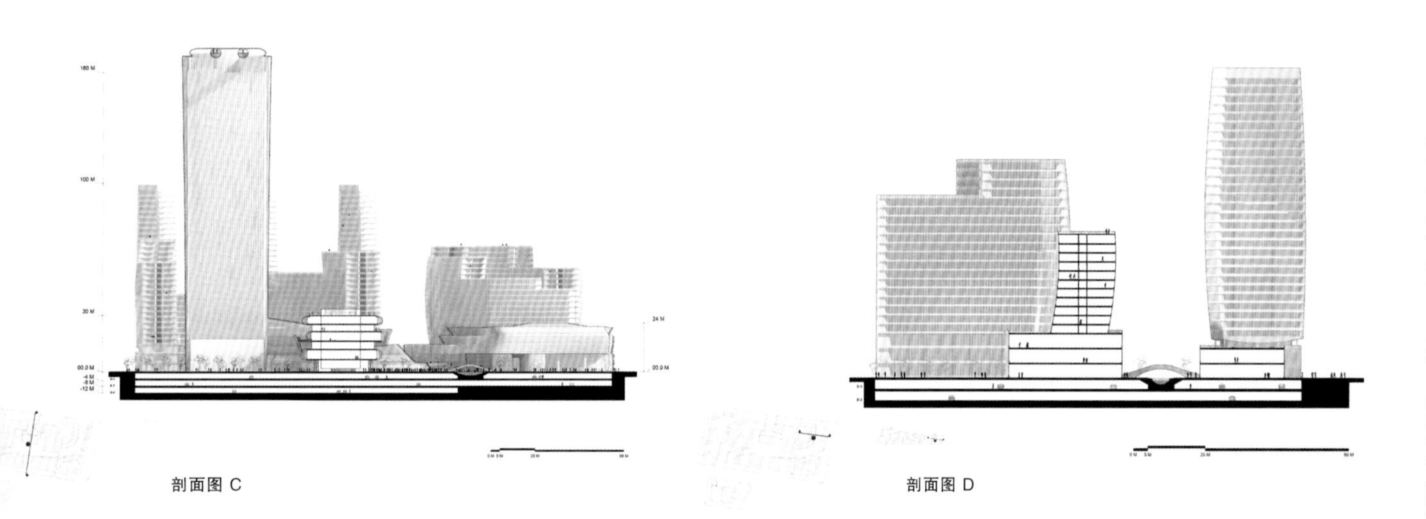

剖面图 C

剖面图 D

设计构想

门户印象：在空间上和建筑表现上，为南部商务区树立一个门面和中心的形象。

服务市民：为鄞州市民提供便民服务设施，丰富市民城市生活，完善鄞州的城市设施。

承前启后：在功能和都市空间规划上，把已经开发的三期和未来的五期整合在一起成为一个完整的都市中心功能区。

城市中心：为鄞州提供一个节日庆典和城市活动的中心活动区。

照片、效果图、图纸、模型图和文本：©amphibianArc

对页上图：交通枢纽
对页下图：交通枢纽鸟瞰图
右图：门户双塔
下图：展览中心

中信金融中心
CITIC Financial Center

许李严建筑师事务有限公司

来自香港的许李严建筑师事务有限公司近日在深圳中信金融中心的设计竞赛中拔得头筹。SOM建筑设计事务所和福斯特建筑事务所都受邀参加了此次国际竞赛。

中信金融中心是中信证券公司在深圳的总部，位于深圳湾总部基地的沿海西大门，面向深圳湾，毗邻公共绿化空间。项目包含办公室、会议设施、酒店和公寓，将成为此地首个多功能城市建筑群。

本项目由一座塔楼、两座凹字形板楼组成。塔楼置于地块北部，前面的板楼高度逐渐向深圳湾拾级而下，让塔楼高层饱览海湾景致，亦令城市天际线更富层次感。

下降的凹字形板楼包含三个不同高度的绿化屋顶平台，与垂直绿化墙、绿化坡面屋顶及空中庭园连接，成为贯穿整个基地的立体绿脉。设计师希望绿化区与附近的公园相辅相成，为整个建筑群构建壮丽的绿色景观。

从建筑的角度出发，金融中心是对城市发展及城市设计考量的回应。例如，对建筑高度的要求，设立城市界面和公共空间，给未来城市的建筑设计提供了参考，以及引领城市立体绿化等。另一方面，金融中心设计尝试将繁复的内容转化为简洁形式与空间的互动，为瞬息多变的功能需要提供了一个灵活可变的空间框架。

基本信息

设计公司

许李严建筑师事务有限公司

设计团队

严迅奇，谭伟霖，曾国樑，陈康明，陈晨，蔡婧华，郑家欣，李嘉敏

客户

中信证券有限公司

总建筑面积

241,000 平方米

上图：中信金融中心
对页图：鸟瞰

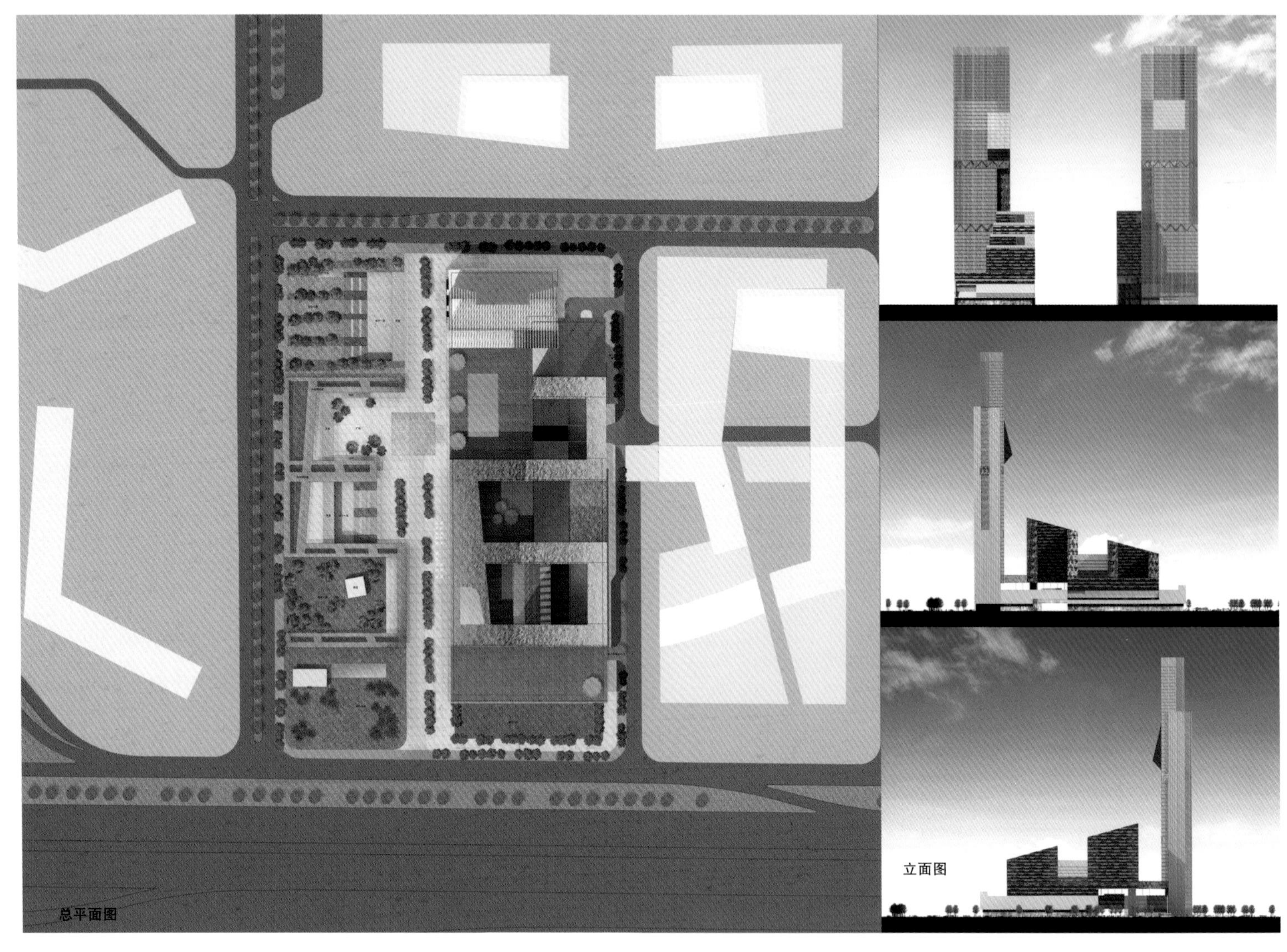
总平面图

立面图

建筑师评论

设计师认为每一栋建筑都肩负着使命，而中信金融中心肩负着两大使命：都市使命和建筑使命。

一、关于都市使命，设计师在设计时考虑到对城市发展及城市设计的回应

1. 优化：城市天际线的优化

地块规范中对建筑高度有退台的要求，因此建筑群设计以一座塔楼及两座凹字形板楼组成。塔楼置于地块北部，前面的板楼高度逐渐向深圳湾拾级而下，让塔楼高层饱览海湾景致，亦令城市天际线更富层次感。

2. 互动：城市界面的回应

总部基地应地块周边环境做出不同回应，

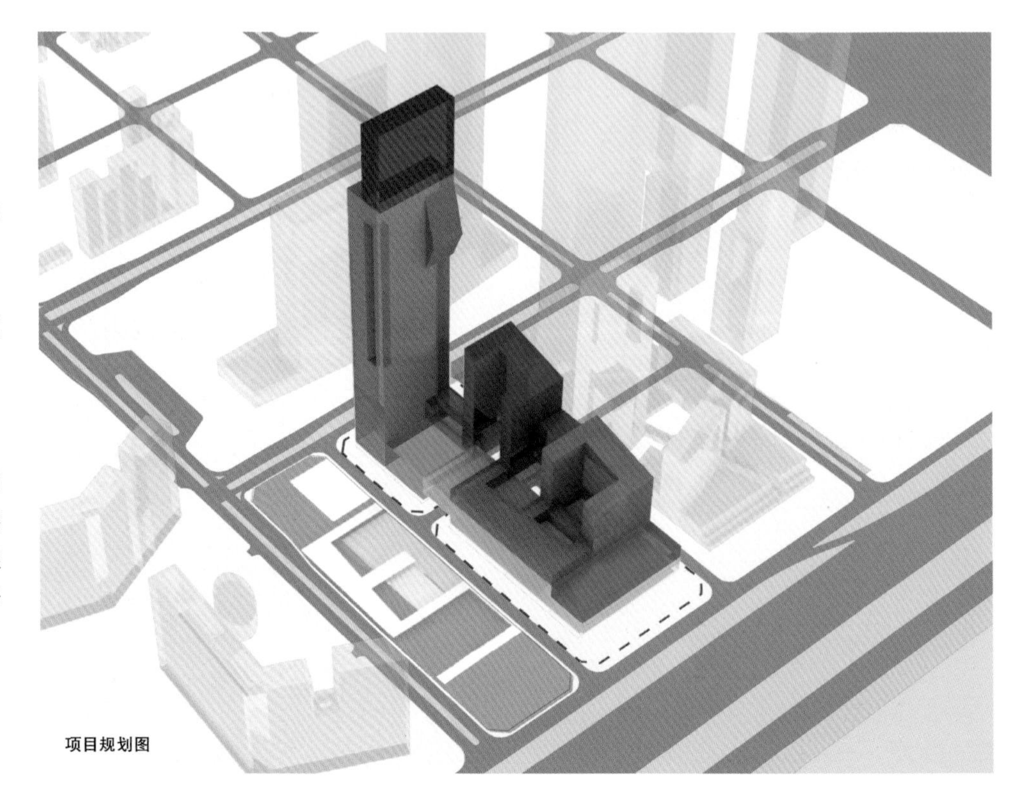
项目规划图

商业裙楼入口

地块西面为绿化公园，两座凹字形板楼面向西面环抱着绿化公园，形成了一个开放的景观界面，并与东面向邻旁建筑的工整都市界面形成对比。

3. 启发：绿脉的立体化

深圳是绿色的前沿城市，地块周边的沿海绿化空间包括深圳湾红树林，15公里海滨长廊，高尔夫球场等。总部基地以三个不同高度的绿化屋顶平台，与垂直绿化墙、绿化坡面屋顶及空中庭园连接，成为贯穿整个基地的立体绿脉。希望借此引领城市绿化立体化，为深圳湾打造环保绿色形象。

二、建筑使命方面，设计师在建筑设计上将繁复的内容化为简洁明亮的造型和空间，并为瞬息多变的功能需要，提供一个灵活可变的空间框架

1. 混合功能协同发挥：办公室、会议中心、酒店、公寓、裙楼商业等功能区将中信金融中心打造成为具有工作、休闲、居住、生活功能的城中城。

2. 功能的独立性和互动性：整体而言总部基地大楼包含多种功能空间，规划完善的人行动线，车行流线；单独而言，各区的独立电梯、大堂为用户提供了一个有条不紊的建筑空间。

3. 使用布局灵活多变：偏筒设计及剪力墙框架结构容许各区域均灵活多变的平面布局。

4. 建筑造型衍生多元空间：错落有致、形态各异的建筑造型为总部基地衍生及营造出配合各功能及用途的多元空间，例如裙楼办公的庭院空间、酒店屋顶花园、SOHO户外平台、湾景城市舞台、办公楼入口广场、公共绿地沿街餐饮、办公塔楼中区及高区中庭等。

务实、创新的深圳湾超级总部基地城中城凭借其化繁为简、一气呵成、巍然耸立的建筑造型成为深圳湾建筑的一个绿色新指标。

照片、效果图、图纸、模型图和文本：©Rocco Design Architects Limited

SOHO办公室中平台

四层平面图

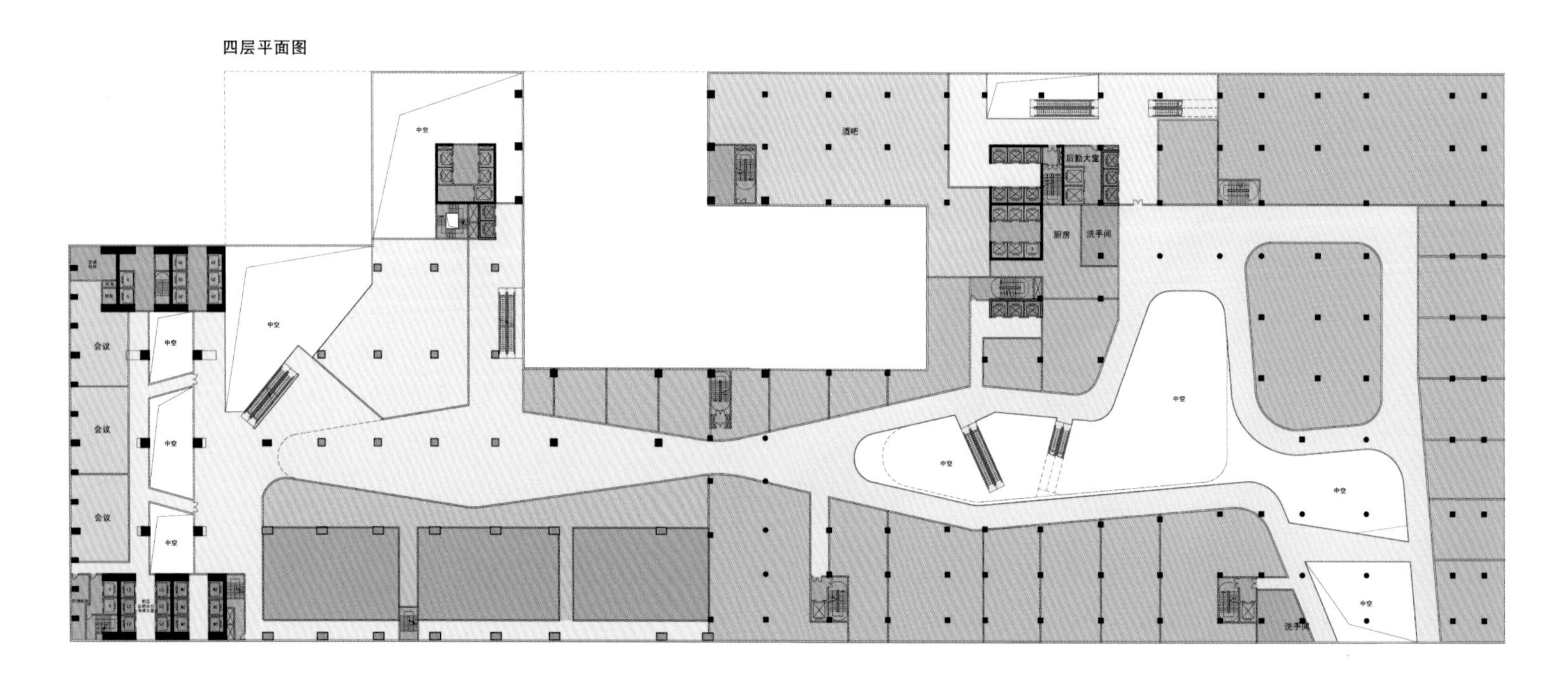

办公大堂

空中庭院

六层空中平台

丹麦军营设计竞赛
High Profile Competition for the Danish Armed Forces

ADEPT建筑事务所

丹麦奥尔堡军营的创新型可持续发展项目竞赛宣告结束，丹麦ADEPT建筑事务所联同COWI设计公司，当地的奥尔堡NORD建筑事务所和GHB景观事务所赢得了竞赛一等奖。该建筑项目总面积9,000平方米，计划2016年竣工。

方案以“绿盟环营”的简单建筑概念为基础，利用永久与灵活建筑元素的组合服务丹麦军队环保、多变的长期发展战略。

建筑师评论

“这个设计方案具有创新性与开创性，它所制定出的战略整体规划指明了奥尔堡军营在环境、能源与气候挑战方面的优化发展方向。该提议体系结构谨密，而且概念清晰，视觉特征显著。”评委团评价道。

“我们认为有必要颠覆传统的建筑体量设计。将建筑、景观与经济视为灵活因素将使为设计开发出巨大的潜力和空间。我们构想出建筑的不同形态——它可以变形、不变化和再现，呈现不同的功能。我们眼中的景观可能会变成森林，或被重塑，变成土地用于建筑，反之也可。所有这些，不仅会创造出一个多变的奥尔堡军营，也能激活多种延伸的可能性。”ADEPT建筑事务所的合伙人马丁·克罗指出。

“绿盟环营”利用流畅的景观设计连接军营区域，加强社区意识。方案用简单的方式整合了将军营、城市和景观连接的设计理念，并用标准化的新型灵活建筑系统取代老旧过时的建筑，满足眼下和未来对节约资源以及优化运营成本的需求。

优胜方案建立突出的视觉形象，强调丹麦军队灵活性、适应性强的特点。“环保”与“灵活性”的概念组合既能指导奥尔堡军营的实际建设，也能发掘本项目作为全球经典设计案例的潜力。

“绿盟环营”方案总面积约9,000平方米，包括三座

基本信息

设计公司

ADEPT建筑事务所

合作单位

COWI设计公司（首席顾问），GHB景观事务所，奥尔堡NORD建筑事务所

客户

丹麦军队

总建筑面积

总占地面积285公顷，80.000平方米现有建筑面积 + 9.000 平方米新建建筑面积

上图：多功能主楼
对页上图：“绿色建盟”与三座新建筑

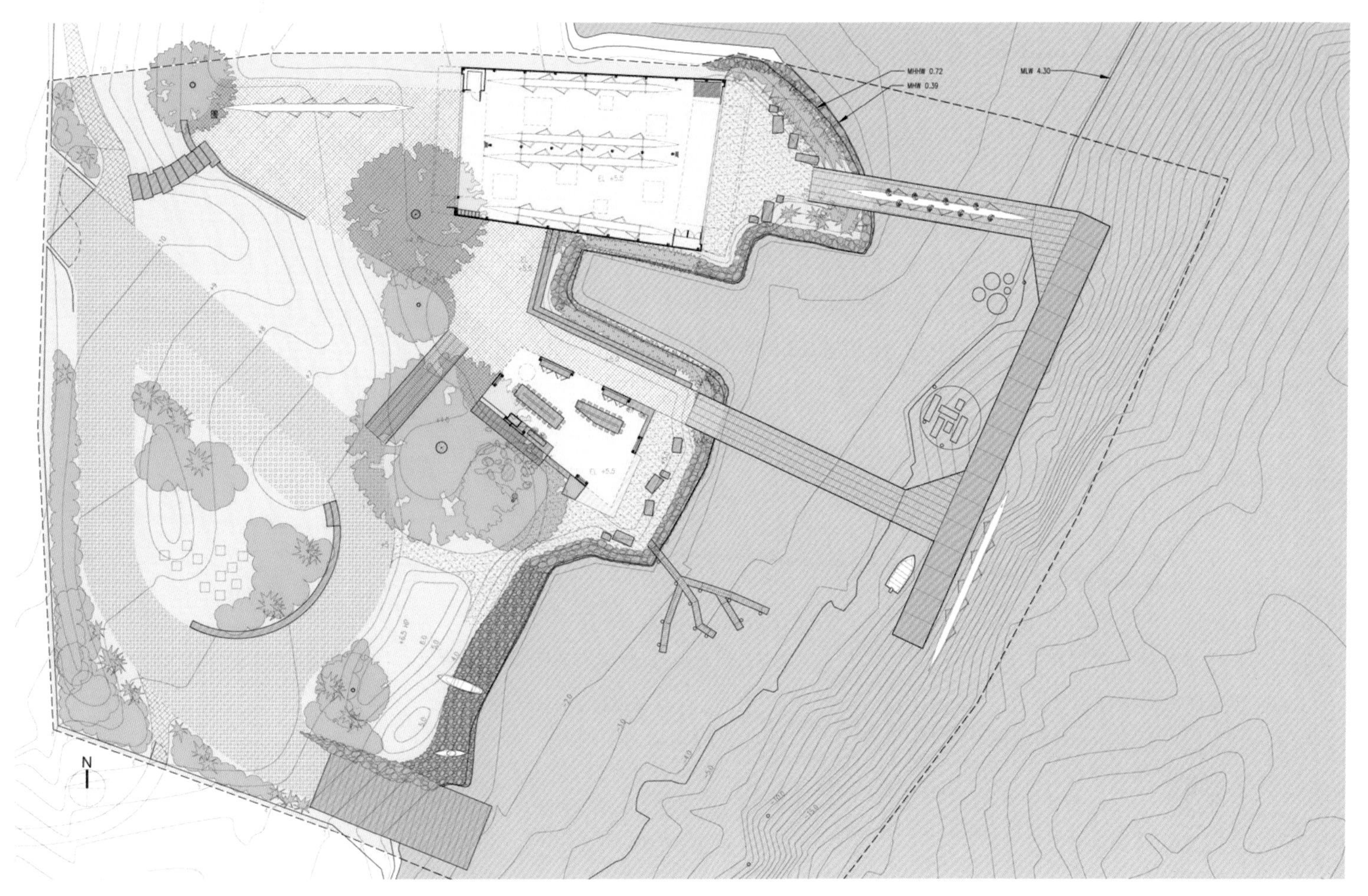

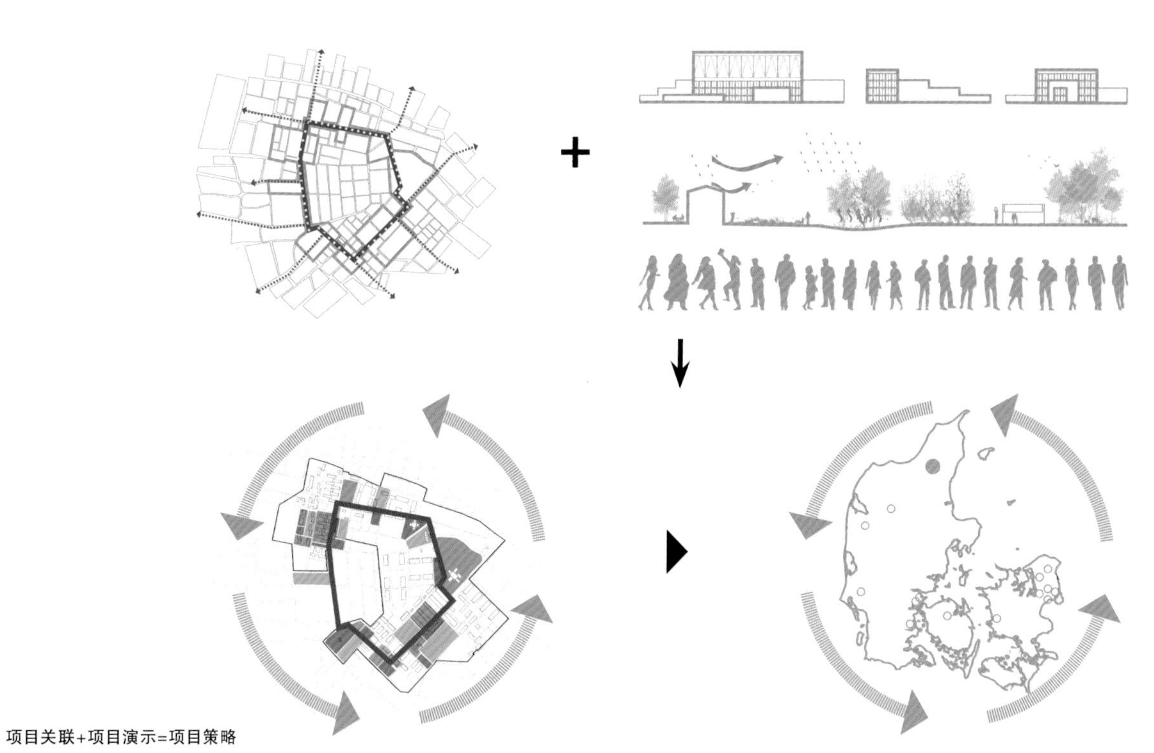

项目关联+项目演示=项目策略

工场大楼

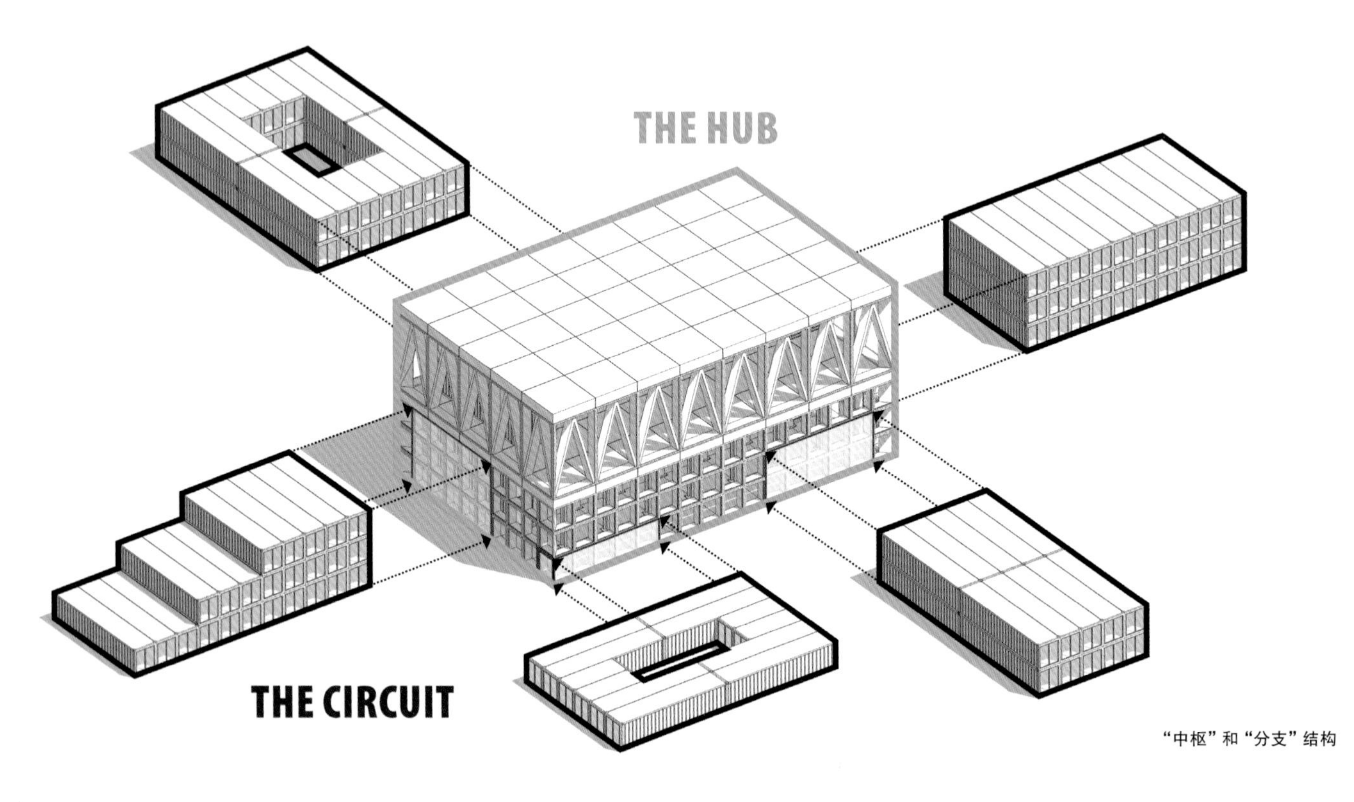

“中枢”和“分支”结构

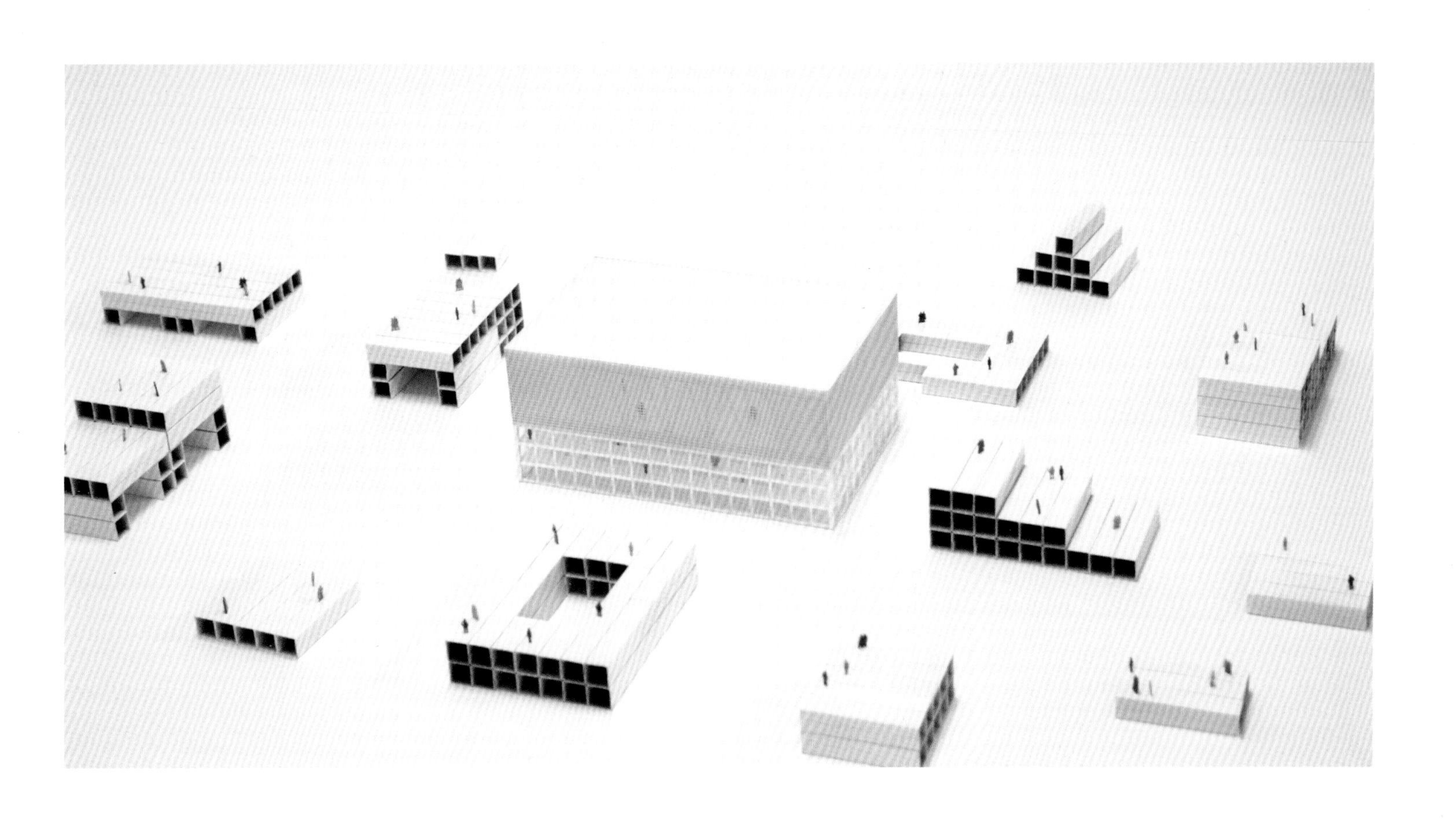

新建筑和视野开阔清晰的景观设计。部分建筑采用了灵活结构模式，由6米和12米规格的集装箱单元组建而成。这样的结构系统可以根据政治变动和军事行动的功能与区域变化需要，快速进行相应的调整。

多功能主楼、工场大楼和办公/营房大楼三座建筑运用了两个简单的建筑元素："中枢"和"分支"，两者相辅相成，使建筑结构可以在短时间内改变功能和位置。"中枢"兼具灵活和永久的特点，可重组的"分支"则灵活可移动。建筑元素由简单的承重系统构成，可以在不影响建筑整体建设原则的前提下，根据功能需要对立面部件进行拆除改装。

方案的建筑策略以工业化的建筑过程为基础，使制造商以环保产品开发的方式参与进来。建筑群呈现绿色的视觉形象，以"行动和资源"为日常能源节约的重要出发点。此外，增加可移动太阳能电板和生物沼气池对建筑本身起到了优化能源消耗的作用。

作为由丹麦军队促进的"绿色建盟"一部分，本项目寻求降低军队整体能源消耗和二氧化碳排放的创新性解决方案。利用经济、可行的可持续发展手段，关注具有较高关注度的资源利用新方法。

照片、效果图、图纸、模型图和文本：©ADEPT

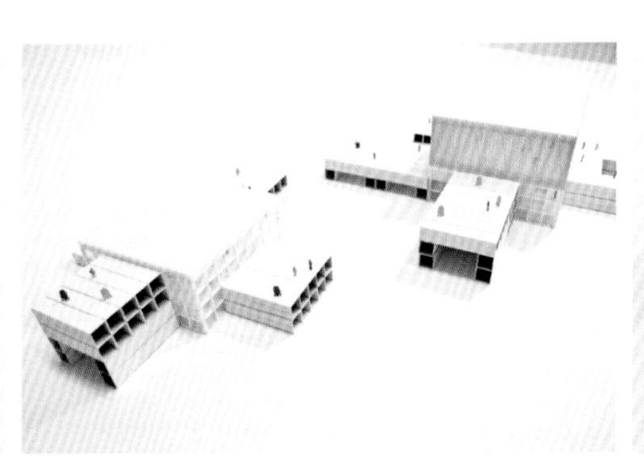

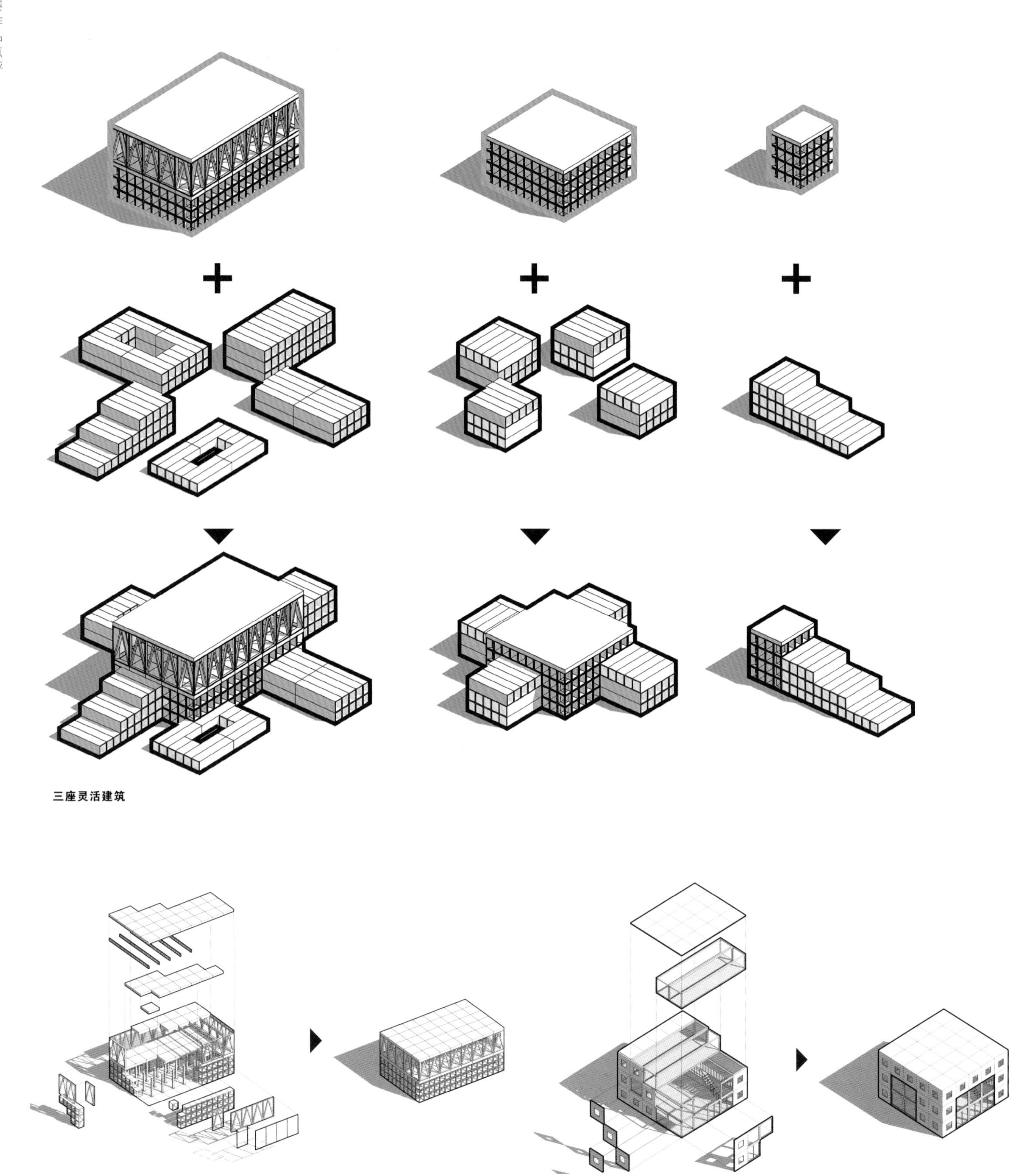

三座灵活建筑

“中枢”结构

“分支”结构

多功能主楼 **工场大楼** **办公/营房大楼**

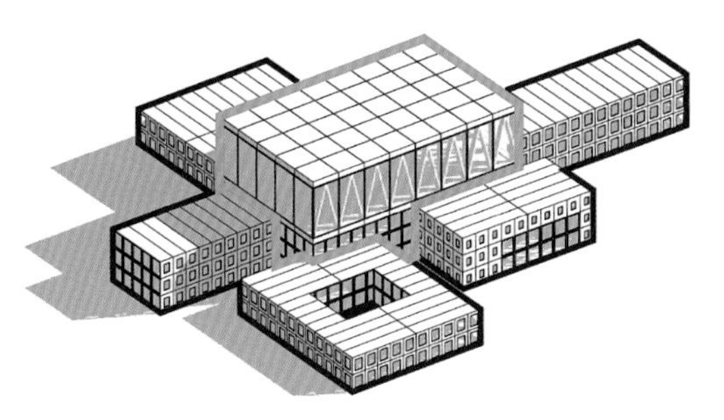

180个模块可以组成288个居住单元或432个工作站，或可以容纳40个人的教室18间

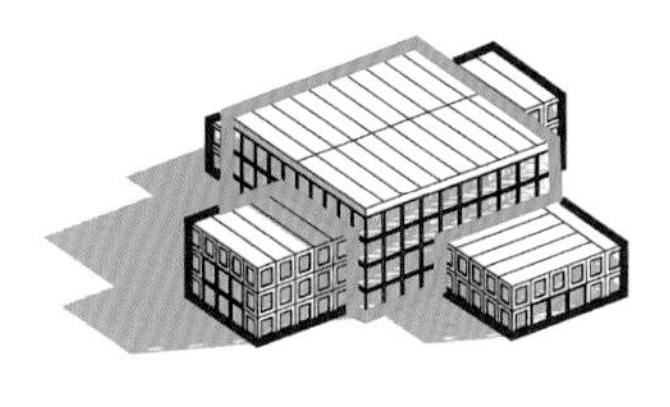

50个模块可以组成4~10个工场设施，或120个工作站，或可以容纳40个人的教室5间

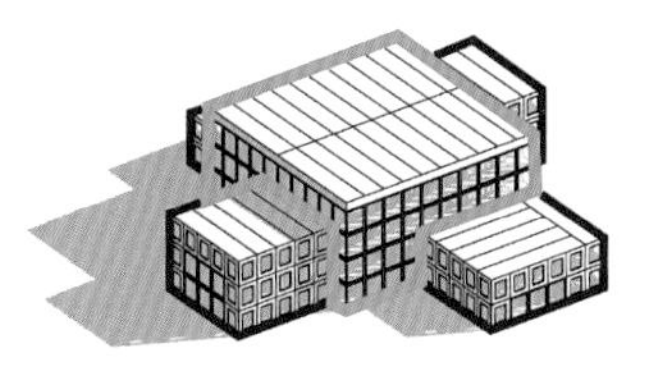

30个模块可以组成48个居住单元，或72个工作站

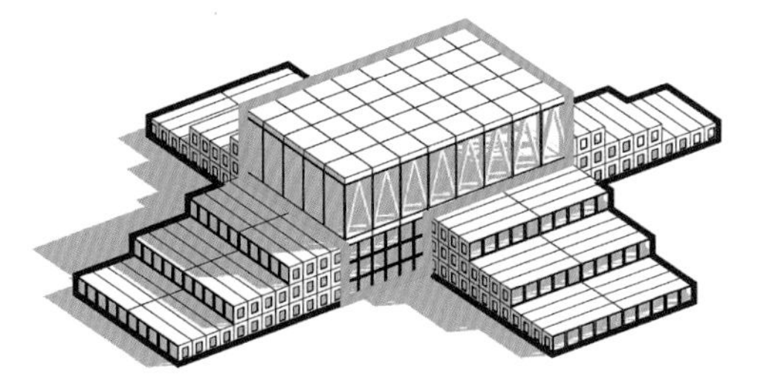

240个模块可以组成384个居住单元或576个工作站，或可以容纳40个人的教室24间

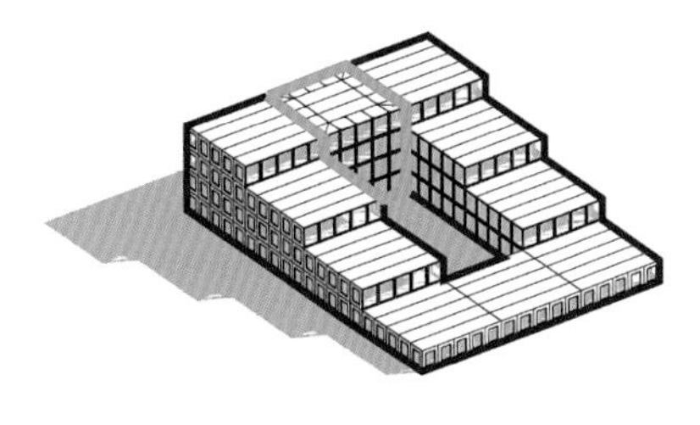

60个模块可以组成1~12个工场设施，或144个工作站，或可以容纳40个人的教室6间

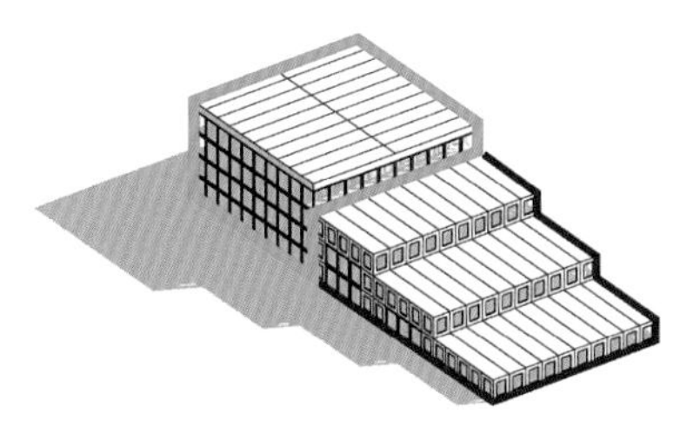

105个模块可以组成168个居住单元，或252个工作站

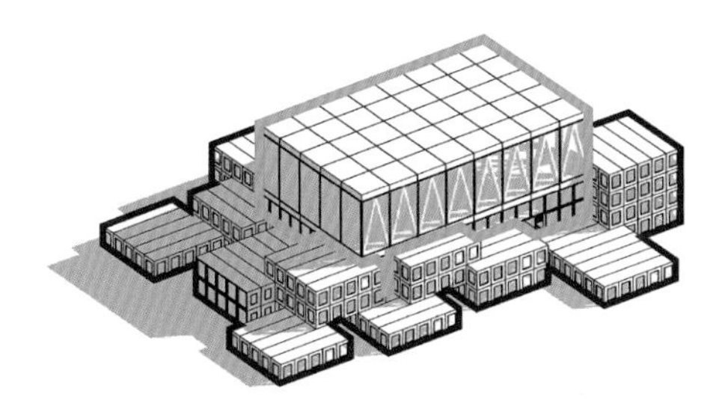

120个模块可以组成192个居住单元或288个工作站，或可以容纳40个人的教室12间

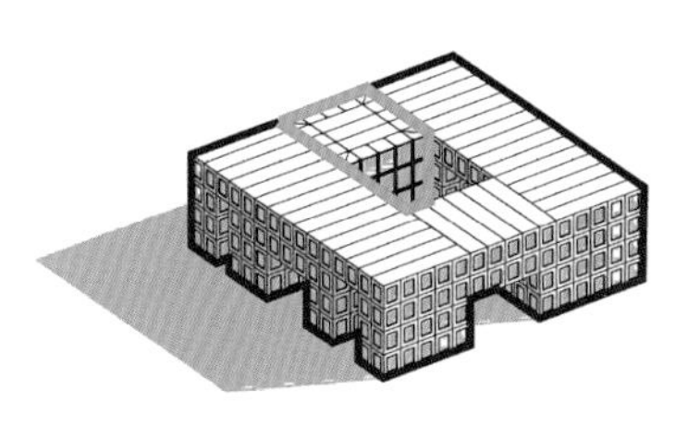

240个模块可以组成1~20个工场设施，或576个工作站，或可以容纳40个人的教室24间

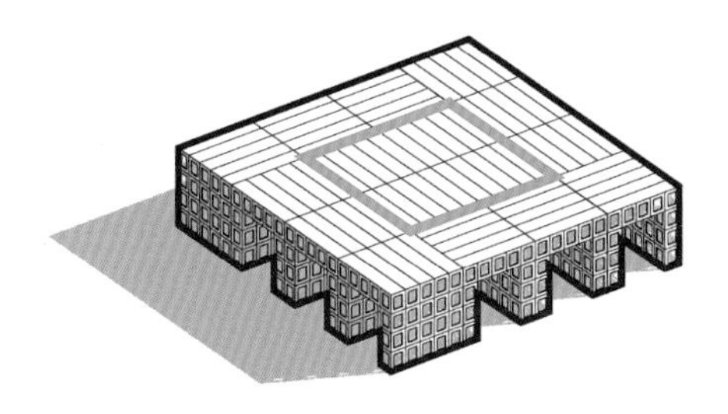

140个模块可以组成224个居住单元，或336个工作站

可能组合示例

"中枢"和"分支"结构

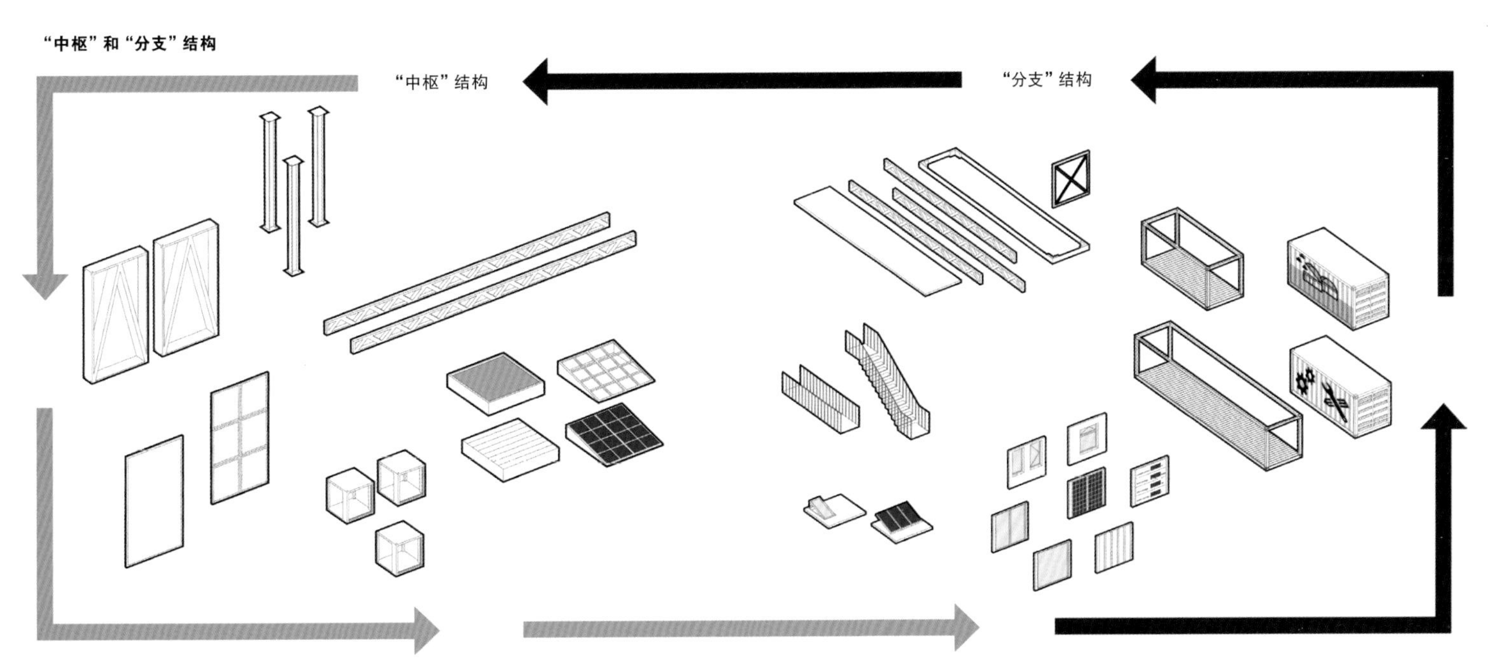

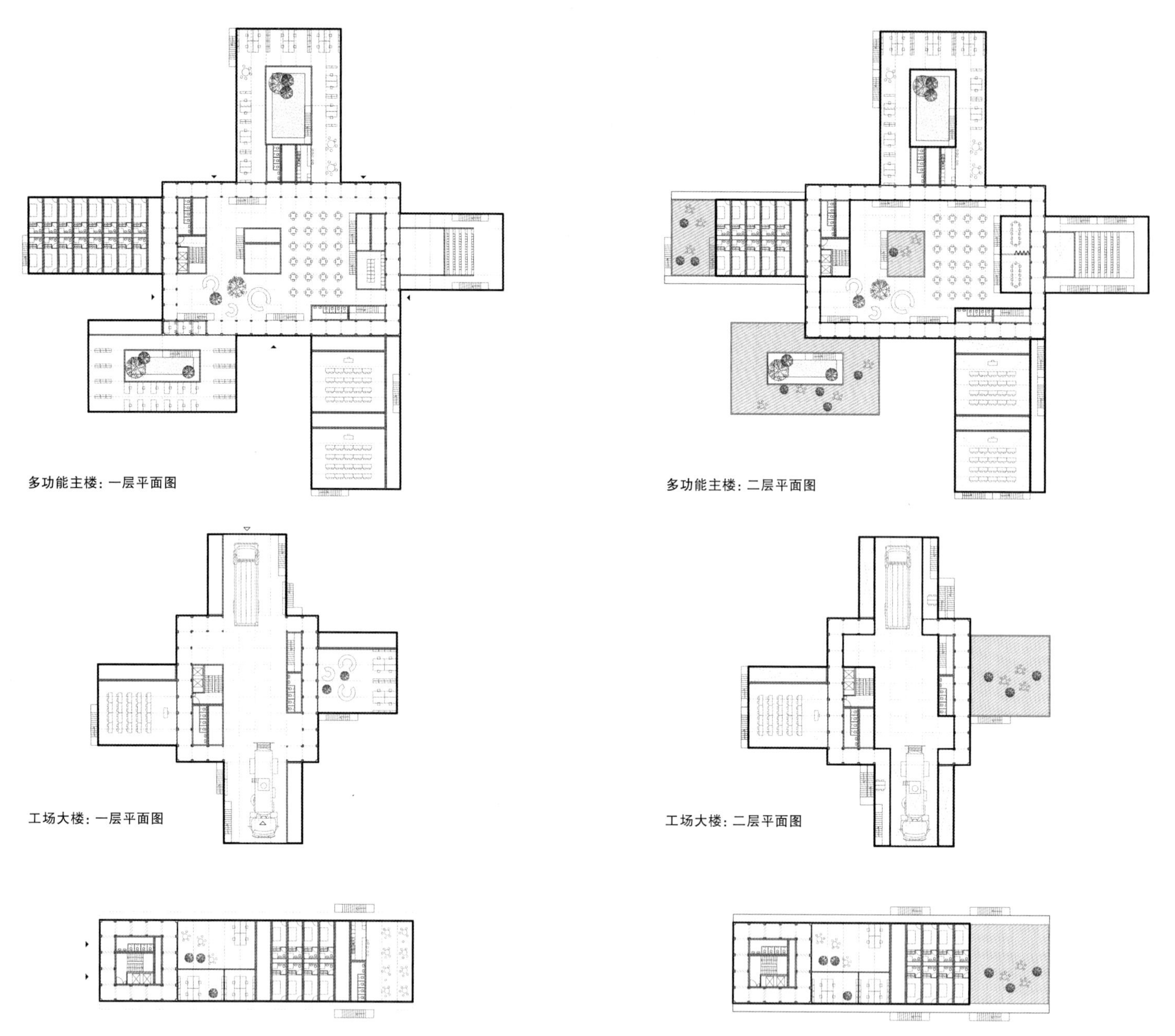

多功能主楼：一层平面图

多功能主楼：二层平面图

工场大楼：一层平面图

工场大楼：二层平面图

办公/营房大楼：一层平面图

办公/营房大楼：二层平面图

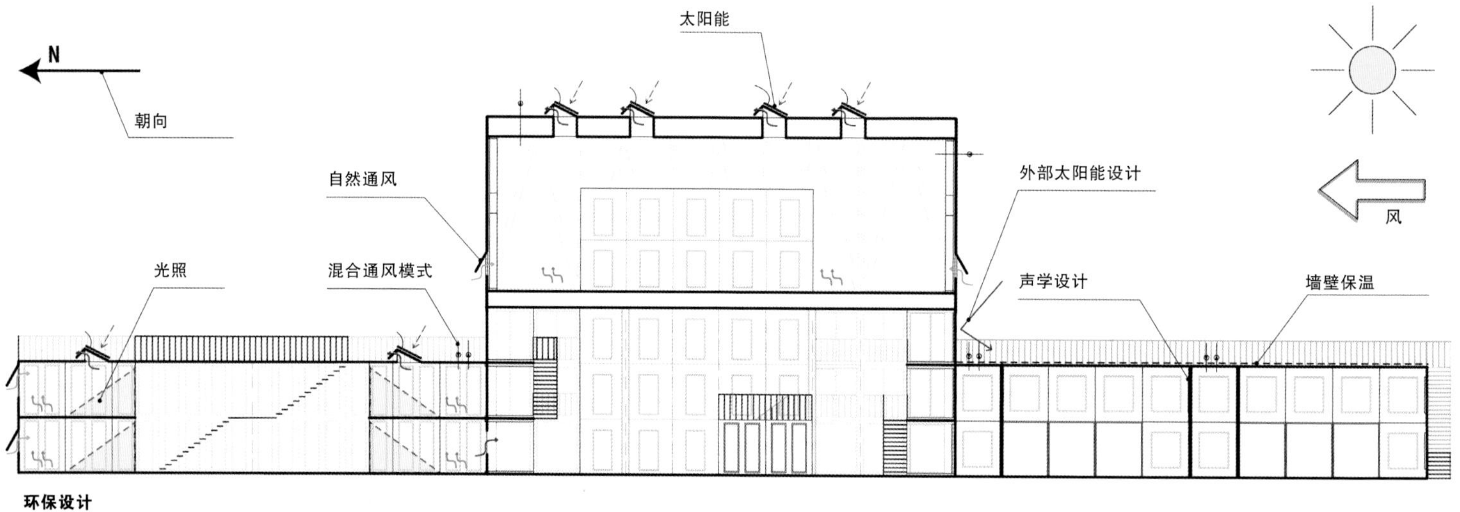

环保设计

Interview

奥露哈·罗曼纽克对话西尔维奥·达希亚

Silvio d'Ascia Interview

奥露哈·罗曼纽克：在1993年，你从意大利搬到法国生活，当初做这个决定，在巴黎开办建筑设计公司是出于怎样的契机？

西尔维奥·达希亚：我从小就想成为一个艺术家，12岁第一次来到巴黎以后就梦想着长大后能生活在这样一个充满艺术气息的城市。在意大利完成学业以后，我在巴黎短期停留。这段生活经历让我发现了一些机遇，最后决定在此长期居住工作。

奥露哈·罗曼纽克：在你看来，法国的建筑行业与意大利相比有什么不同？

西尔维奥·达希亚：法国与意大利之间最大的不同就是20世纪90年代的意大利还没有出现成熟的竞赛系统。欧洲的每个国家都把法国视为一个年轻建筑师可以参与并赢得竞赛的地方。在这里年轻人可以因为参与竞赛获得奖金，也有机会在竞赛奖金不那么丰厚的情况下进行相关的调查研究。

奥露哈·罗曼纽克：参加竞赛一直是贵公司获得新项目的一种策略，还是最近才开始的新方向？

西尔维奥·达希亚：对我个人的职业生涯来说，竞赛一直是非常重要的。在许多方面，是竞赛为我铺筑了前进的道路。我在巴黎起初的四五年间，我与另一位建筑师合作赢得了多个竞赛。1999年，我们分道扬镳，我参与了一项有关国会宫的国际竞赛，与理查德·罗杰斯

照片、效果图、图纸、模型图和文本：©Silvio d' Ascia Architecture

"这些项目代表了从意大利都灵的苏萨高铁火车站开始，我们二十多年来的工作成果。这些项目经验的背后似乎是某些社会和人文因素在作用，进而不断地对审美进行推敲。

作为建筑师，我们有必要在设计中注入一种能够平衡理性和感性追求的推理。

特定时期对建筑的解读因此变成了一个不那么关乎形式，而是更为具体的问题：它体现了对社会需求的理解，以及我们的文化在不断变革的环境下对特定场所的追求。鉴于这点，建筑师必须创造出令人印象深刻的作品，值得后人保留借鉴。"

——西尔维奥·达希亚

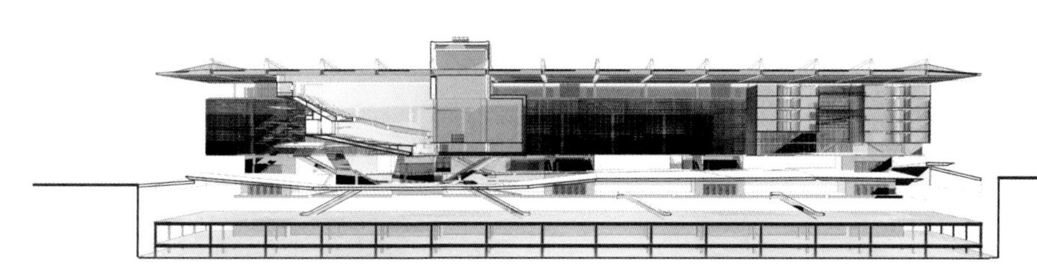

中国电力公司大楼（未建成）

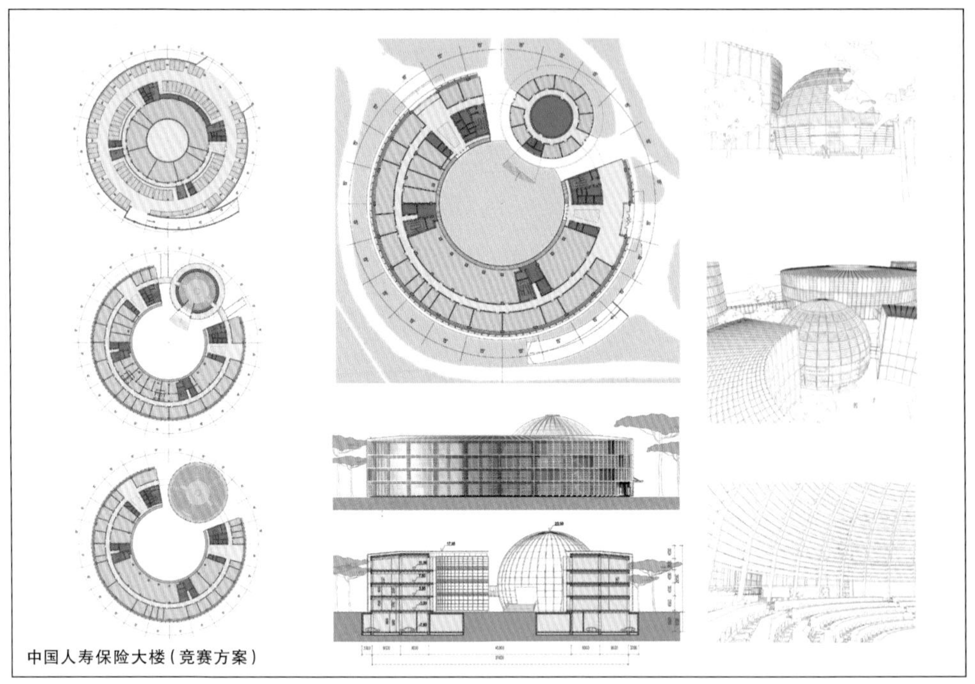
中国人寿保险大楼（竞赛方案）

和拉斐尔·维诺里这样的建筑设计大师展开竞争。当时的评委会主席是诺曼·福斯特。最终马希米亚诺·福克萨斯赢得了比赛，我得了二等奖。这次比赛标志了西尔维奥·达希亚建筑师事务所的成立。

一年半以后，我们赢得了一项有关意大利都灵高铁火车站的竞赛项目。而这又开启了我职业生涯的另一个新的篇章。都灵高铁火车站的这个项目带来了许多有关铁路和交通领域的项目合作。

摩洛哥盖尼特拉火车站

奥露哈·罗曼纽克：你如何选择要参加的竞赛？

西尔维奥·达希亚：一些情况下，客户会发出邀请。举例来说，我们现在已经拥有很好的口碑，在火车站项目方面也积累了相当多的经验，会有一些公司联系我们，邀请我们参与一些类型相近的竞赛。

在这些类型的比赛中，公共和私人机构以合作的方式共同参与是比较普遍的。竞赛往往要求私人公司派出一名建筑师参赛。因此经常有私人公司找到我们，希望共同参加某个竞赛项目。目前我们有多个与私人公司的合作项目正在进行中。

除此之外，我们还参加公共竞赛，因为这类竞赛的主题或要求对我们很有吸引力。再举一个例子，我们最近赢得了巴黎RATP（公共交通运营系统）数据中心的公共竞赛，竞赛要求是促使我们参赛的直接原因。归根结底，吸引我们参与的竞赛多种多样，但我们在竞赛中始终追求挑战，希望能在项目中获得深入研究和学习的机会。

奥露哈·罗曼纽克：你们参与过的项目中有很多火车站。由于火车站是一个非常特殊的建筑类型，需要一定程度的专业技术。请问吸引你专注于火车站项目的原因是是什么？

西尔维奥·达希亚：我对这类建筑项目的兴趣始于1993-1994年，那时我的博士论文课题是下个千年的新型城市化。早在巴黎生活时我就已经产生了研究这个课题的想法，因为当时的巴黎已经开始对类似的综合运输站进行了尝试，这种综合运输站可以连接地铁、传统火车、高速火车和其他类型的公共交通线路。其中的问题是如何使这些连接点脱离单纯的工程空间范畴，而成为与相邻街道环境的历史感相关联的城市空间。

都灵的苏萨火车站是这一建筑类别中的首个大型国际竞赛。竞赛分两阶段完成，第一阶段匿名进行。根据我对19世纪街道概念的研究，我们选择将街道与商业结构一同纳入火车站设计之中。

都灵苏萨火车站

奥露哈·罗曼纽克：你们在亚洲也完成了相当多的项目。在亚洲开展项目是否遇到过困难？你们又是如何克服这些困难的呢？

西尔维奥·达希亚：我们在亚洲的项目活动开始于11年前北京中央图书馆的竞赛。那是我们第一次参加中国的设计竞赛，当然对我们来说也是一次很宝贵的经历，因为中国的竞赛周期比较短，下达比赛结果也很迅速。后来我们又参与了一项金融中心的竞赛，不久之后接连参加了七八个其他的竞赛。从那时开始，我们已经完成了上海银行和上海证券交易所两个大型项目。

最初在中国开展项目时，我发现细节的关注度不够，但现在我很高兴，我们的设计理念得以在建成项目中得到实现。

奥露哈·罗曼纽克：在中国开展项目时，你们如何解决时差和距离带来的问题？

西尔维奥·达希亚：法国和中国有8小时的时差。在中国结束了一天的工作之后，我们会电话联系巴黎办公室，并且与之共享工程进度。由于这个原因，工作沟通几乎从不中断，24小时持续进行。起初一切都很难，既需要在中国按这种行程密度工作数月，又需要在七八年之间以两个月一次的频率多次往返。现在两个建筑群的项目已经完成，我们将注意力更多地关注欧洲项目。

奥露哈·罗曼纽克：你们是如何赢得上海银行数据中心这项竞赛的？

西尔维奥·达希亚：委托方要求参赛单位能够将人们印象中与银行大楼所表现出的力量、稳定的感觉通过建筑语言充分的表现出来。我们的设计理念是要为人们打造出一个像城堡一般坚固的建筑群。方案的设计灵感来自于托斯卡纳的城堡和村庄。这个项目总占地面积达10公顷，共有14栋建筑构成，每个结构的建筑面积预计为1～1.5万平方米，这种表现手法与项目的规模十分匹配。在某种程度上，银行建筑群就像一个小型的、安全度较高的村庄，拥有自己的内部生活。配套的公园和公共空间方便人们交流、联系。

我们选择使用灰色花岗岩、开敞式铝材和大面积的玻璃幕墙强化上海银行数据中心的现代都市感。这些建筑材料构成数据中心简约的整体设计风格，统一的建筑元素体现出整体的协调性。

照片、效果图、图纸、模型图和文本：©Silvio d' Ascia Architecture

上海银行

奥露哈·罗曼纽克：目前你们在做哪些项目？

西尔维奥·达希亚：眼下我们正在为巴黎靠近拉德芳斯区的一个火车站新竞赛项目提交设计方案。同时，我们手头上还有法国南部卡普里岛五星级酒店中的旗舰店购物中心，以及南锡的办公大楼项目。我们希望在我们的项目中探索能够保护欧洲城市建筑遗产的方法，研究如何让新建筑融入城市环境或如何翻新原有老旧建筑。老旧材料和高新技术、材料的整合是我们最重视的环节。

奥露哈·罗曼纽克：未来哪些项目会让你们比较感兴趣？

西尔维奥·达希亚：数据中心正在进入一个新的时代。我们越来越多地探讨何为云端存储？何为数据中心？我们的社会刚刚接触数据中心的概念，我们也仍在探索这样的数据中心真正意味着什么。因此，我们对这类新兴的建筑类型十分感兴趣。目前许多此类建筑都由非专业人士指导完成，我们也希望这种情况能够得到改善。

我们还想继续火车站等相关项目的设计。欧洲的高速列车设计带来了新的城市环境，为周围环境带来了新的商业空间。我认为火车站能够向外辐射，影响城市整体设计，是一个很好的出发点。

最后，商业中心的设计在眼下还存在着很多的机遇。在法国，商业中心由于电子商务的繁荣，失去了近30%的业务量。如果这些商业中心继续采用传统的运营模式，已经很难达到理想的收益。因此我们可以针对这个问题，调整思路，考虑在商业中心整合服务儿童、体育运动和休闲活动的新设施和新功能，来吸引大量的顾客。

奥露哈·罗曼纽克：公司的设计理念是什么？

西尔维奥·达希亚：使新城市风格具有统一的构成元素：接受二十世纪的城市形象不再具有吸引力的事实，回到建造古代城市时的设计思路，那些长期存在并发展了几千年的标准和原则。我们在历史中寻找非后现代主义的设计灵感。对过去的设计方案进行研究，思考如何将这些方案中的创意转变为现代应用，关注并保持人们的生活质量。因此，我们试图找到并保留原有高质量城市空间设计的灵魂，然后采用现代的表现手法和建筑材料。

上海证券交易所